W0258901

ALLE·ZEIT·WACH
1842

W. de Riese E. Allhoff J. Schuth U. Jonas

Das metastasierte Nierenzellkarzinom

Klinik und therapeutische Aspekte

Unter Mitarbeit von
J. Atzpodien, H. Kirchner, C. G. Stief

Mit 53 Abbildungen

Springer-Verlag
Berlin Heidelberg New York
London Paris Tokyo
Hong Kong Barcelona
Budapest

Priv.-Doz. Dr. WERNER DE RIESE
Prof. Dr. med. ERNST ALLHOFF
Prof. Dr. med UDO JONAS
Medizinische Hochschule Hannover
Urologische Klinik
Konstanty-Gutschow-Straße 8
W-3000 Hannover 61

Dr. rer. nat. JULIUS SCHUTH
Essex-Pharma GmbH
Sonnenstraße 33
W-8000 München 2

ISBN-13: 978-3-540-53708-3 e-ISBN-13: 978-3-642-76456-1
DOI: 10.1007/978-3-642-76456-1

CIP-Titelaufnahme der Deutschen Bibliothek
Das metastasierte Nierenzellkarzinom : Klinik und therapeutische Aspekte / W. de Riese ... Unter Mitarb. von J. Atzpodien ... – Berlin ; Heidelberg ; New York ; London ; Paris ; Tokyo ; Hong Kong ; Barcelona : Springer, 1991

NE: Riese, Werner de

Satz, Druck und Bindearbeiten: Triltsch, Würzburg
10/3145-543210 – Gedruckt auf säurefreiem Papier

Vorwort

Seit mehr als 100 Jahren beschäftigen sich Kliniker und Pathologen mit der Behandlung von Nierenmalignomen des Menschen. Es erforderte umfangreiche wissenschaftliche Arbeit und klinische Empirie, bis unterschiedliche Malignomtypen sowie eine klinisch relevante Stadieneinteilung mit daraus resultierender Therapiestrategie entwickelt werden konnten.

Beim organbegrenzten, lokalisierten Nierenzellkarzinom werden gute Behandlungsergebnisse – auch im Vergleich zu anderen Malignomen – erreicht.

Seit Jahrzehnten ist jedoch die Behandlung des metastasierten Nierenzellkarzinoms unverändert problematisch und in ihrem Ergebnis unbefriedigend.

Die Intention dieses Buches ist, die verschiedenen, derzeit angewandten systemischen Behandlungsmodalitäten beim metastasierten Nierenzellkarzinom zu beschreiben und einander gegenüberzustellen.

Die in den letzten Jahren erarbeiteten Resultate zur Pathogenese sowie zur Tumorbiologie dieser Malignomart sollen sowohl dem urologisch-onkologischen, dem internistisch-onkologischen Kliniker als auch dem onkologisch ausgerichteten Grundlagenforscher erläutert und dargelegt werden. So haben wir es uns zur Aufgabe gemacht, auch noch nicht etablierte Behandlungskonzepte mit „Biological Response Modifiers (BRM)“ den konventionellen Therapieformen gegenüberzustellen.

Neue Untersuchungstechniken wie die Tumorzytogenetik und die In-vitro-Zellkultivierung haben erst kürzlich grundlegend neue Erkenntnisse in der Biologie dieser Malignomart erbracht. Ein Anliegen der Autoren ist es, erstmals umfassend diese Ergebnisse für das Nierenzellkarzinom zu beschreiben und zu interpretieren. Der wissenschaftlich interessierte Leser soll dadurch ein besseres Verständnis der relevanten Zusammenhänge zwischen Grundlagenforschung und Klinik gewinnen.

Juli 1991 DIE HERAUSGEBER

Danksagung

Die Arbeit hätte nicht ohne die Hilfe und Förderung meiner Lehrer vollendet werden können.

Mein besonderer Dank gilt Herrn Prof. Dr. med. U. Jonas, Direktor der Urolog. Klinik der Medizinischen Hochschule Hannover, sowie Herrn Prof. Dr. med. E. Allhoff, geschäftsführender Oberarzt der Urolog. Klinik der MHH, für die wohlwollende Unterstützung bei der endgültigen Erstellung der Daten, für die Durchsicht des Manuskriptes sowie für die fundierte Diskussion der ermittelten Ergebnisse.

An dieser Stelle möchte ich ferner meinen besonderen Dank aussprechen:

- Herrn Prof. Dr. med. A. Georgii, Dir. des Pathologischen Institutes der MHH, für die Unterstützung im Rahmen der Zusammenarbeit mit dem Tumorzytogenetischen Labor des Patholog. Institutes.
- Herrn Prof. Dr. P. W. Jungblut, Direktor des Max-Planck-Institutes für Experimentelle Endokrinologie, Hannover, für die Mitbenutzung der Laboreinrichtungen des Max-Planck-Institutes anläßlich der beschriebenen endokrinologischen Arbeiten sowie für die Mitarbeit und Unterstützung bei der Abfassung und Interpretation dieser Daten.
- Herrn Dr. G. Lenis, Urologische Klinik der MHH, den ich in den Jahren 1985–1987 im Rahmen seiner Promotionsarbeit betreut habe. Seine Arbeit und sein Engagement ermöglichten erst die In-vitro-Zellkultivierung im Urolog. Forschungslabor der MHH.
- Herrn Prof. Dr. med. H.-J. Schmoll, Abt. Haematologie und Onkologie der MHH, für die fruchtbare Kooperation, die wesentlich die zeitgemäße Richtung der Fragestellung mitbestimmte.
- Herrn Dr. med. Dr. rer. nat. H. P. Kramer, Forschung Experimentelle Medizin der Behring-Werke AG, W-3550

Marburg, für die Zusammenarbeit anläßlich der Zytostatika-Sensibilitäts-Testung im Clonogenic-Assay.

- Herrn PD Dr. J. Gerdes, Forschungsinstitut 2061 Borstel, für die mir im Rahmen der immun-histochemischen Techniken entgegengebrachten wertvollen Hinweise, für die Beratung und für die Unterstützung meiner experimentellen Arbeit.

Insbesondere möchte ich an dieser Stelle meiner Frau für ihre Unterstützung und meinen Kindern für das Verständnis, das sie bisher für meine wissenschaftliche Arbeit gezeigt haben, danken.

Hannover, April 1991 W. de Riese

Inhaltsverzeichnis

Kapitel 5
In-vitro-Kurzzeitkultivierung sowie zytogenetische Untersuchungen beim Nierenzellkarzinom 75

Kapitel 6
Chromosomenanalyse beim NZK 89

Kapitel 7
Zytogenetische und morphologische Untersuchungen beim renalen Onkozytom (erläutert an zwei Fallbeispielen) 97

Verzeichnis der Abkürzungen

Abb.	Abbildung
APAAP	Alkalische-Phosphatase-Anti-Alkalische-Phosphatase
AR	Androgen-Rezeptor
Ci	Curie
CPM	Counts per Minute
E_2	Estradiol
E_2^*	radioaktiv-markiertes Estradiol
E_2R	Estradiol-Rezeptor
EP	Agarelektrophorese
ER-ICA	Estrogen Receptor-Immuno Cytochemical Assay
FSC	Fetal Calf Serum
^3H	Tritium
HICA	Human Tumor Cloning Assay
LM	Laufmittel
NZK	Nierenzellkarzinom
P	Progesteron
PR	Progesteron-Rezeptor
PLA	Partielle Lymphadenektomie
R	Rezeptor
RaM	Rabbit-anti-Mouse
RLA	Radikale Lymphadenektomie
Tab.	Tabelle
TCKR	Tumor-Cell Kill Rate
Tris	Tris(hydroxymethyl)-aminomethan
UPM	Umdrehungen pro Minute
Vergr.	Vergrößerung

Verzeichnis der Hersteller

Abbott Diagnostic Products GmbH
Max-Planck-Ring 2, W-6200 Wiesbaden
Tel. 0 61 21/5 01-01

Amersham GmbH
Gieselweg 1, W-3300 Braunschweig
Tel. 05 31/8 08-0

Biochrom GmbH
Leonorenstr. 2, W-1000 Berlin 46
Tel. 0 30/77 99 06-0

BIO-RAD Laboratories GmbH
Dachauer Str. 511, W-8000 München 50
Tel. 0 89/14 99 05-0

Braun-Melsungen AG
Carl-Braun-Str. 1, W-3508 Melsungen
Tel. 0 56 61/71-0

DIANOVA GmbH
Immunologische Diagnostik
Milchstr. 3, W-2000 Hamburg 13
Tel. 00 40/4 10 50 91/92

E. Merck GmbH
Postfach 41 19
W-6100 Darmstadt 1
Tel. 0 61 51/7 20

Nunc GmbH
Hagenauer Str. 21, W-6200 Wiesbaden
Tel. 0 61 21/6 70 95

Paesel GmbH
Borsigallee 6, W-6000 Frankfurt 60
Tel. 0 69/42 20 97

Sigma Chemie GmbH
Am Bahnsteig 7, W-8028 Taufkirchen
Tel. 0 89/6 12 10 69

Mitarbeiterverzeichnis

Dr. J. Atzpodien
Klinik für Hämatologie und Onkologie der Medizinischen Hochschule Hannover, Konstanty-Gutschow-Straße 8, W-3000 Hannover 61

Dr. H. Kirchner
Klinik für Hämatologie und Onkologie der Medizinischen Hochschule Hannover, Konstanty-Gutschow-Straße 8, W-3000 Hannover 61

Dr. C. G. Stief
Urologische Klinik und Poliklinik der Medizinischen Hochschule Hannover, Konstanty-Gutschow-Straße 8, W-3000 Hannover 61

Einleitung

Im Gegensatz zu anderen Malignomerkrankungen (z. B. Hoden-, Blasen- oder Prostata-Karzinomen) haben sich die Behandlungsergebnisse des metastasierten Nierenzellkarzinoms in den letzten Jahren nicht verbessert. Trotz einer Reihe von verschiedenen Therapieansätzen, über die in der Literatur umfangreich berichtet wird, zeigen alle Therapiemodalitäten (Hormon-, Zytostatika-, Strahlen- sowie Immuntherapie) ähnlich schlechte Gesamtresultate: Zeitlich limitierte klinische Ansprechquoten für komplette und partielle Remissionen reichen bis max. 25%.

Ziel der vorliegenden Arbeit ist es, nach einer Übersicht der stadienbezogenen aktuellen Therapie des Nierenzellkarzinoms und der Darlegung der Therapieergebnisse des eigenen, umfangreichen Patientenkollektivs verschiedene Aspekte dieser Malignomart sowohl in vivo als auch in vitro zu untersuchen, besonders zur weiterführenden Klärung folgender Fragen:

1. Pathogenese,
2. Zellkinetik,
3. Verbesserung der In-vitro-Zellpräparation mit Anhebung der Zellangehquote,
4. Etablierung eines wirksamen Therapiekonzeptes.

Für die Beantwortung dieser Fragen soll der Wert der in der Literatur kontrovers diskutierten endokrinen Therapie untersucht werden. Es folgen Studien zur Bestimmung der Proliferationsrate im Tumor selbst sowie zytogenetische Untersuchungen, basierend auf einer verbesserten In-vitro-Zellkultivierung, und vergleichende Chromosomenanalysen, um aus der Zellkinetik der Nierentumorzellen Rückschlüsse auf eine Beeinflussung des Tumorwachstums, etwa durch eine zytostatische Therapie, zu erhalten.

Kapitel 1

Morphologische und klinische Aspekte des Nierenzellkarzinoms

1.1 Einleitung, historischer Rückblick, Epidemiologie

Das Nierenzellkarzinom ist die häufigste Malignomart der Niere, etwa 3% aller Malignome im Erwachsenenalter gehören dieser Tumorart an [201].

Tabelle 1 zeigt einen Überblick hinsichtlich Art und Häufigkeit aller vorkommenden Nierentumorformen.

1883 beschrieb Grawitz erstmals histopathologisch diesen Nierentumor als eigenständiges Krankheitsbild (sog. Grawitz-Tumor) [77]. Er postulierte zur Pathogenese, daß in die Niere versprengte Nebennierenzellen im höheren Lebensalter dort maligne entarten könnten. Der Name „Hypernephrom" entstammt der Ähnlichkeit in Farbe und histologischer Struktur mit der Nebennierenrinde.

Die Interpretation von Grawitz zur Tumorgenese wird jedoch heute abgelehnt [109]. Die genaue Ätiologie dieses Tumors ist bislang unbekannt. Elektronenmikroskopische und immunhistochemische Untersuchungen lassen vermuten, daß die Malignomzellen dem proximalen Tubulusabschnitt der Niere entstammen [155, 214].

Das Nierenzellkarzinom (NZK) (Synonyme sind: Renales Adenokarzinom, renal cell carcinoma (RCC)) wurde früher auch häufig als Hypernephrom oder hypernephroides Nierenkarzinom bezeichnet.

Tabelle 1. Häufigkeit der verschiedenen primären Nierentumoren

Nierenzellkarzinom	90%
Urothel-Karzinome des Nierenbeckens	5%
Benigne Tumoren (Fibrom, Angiomyolipom u. a.)	2%
Wilms-Tumor (Nephroblastoma)*	1,5%
Onkozytom	1,5%

* Typ. Malignom im Kindesalter

Anmerkung: Primäre Sarkome und Lymphoblastome der Niere sind sehr selten (Inzidenz <1%); angelehnt an die Einteilung von de Kernion [109].

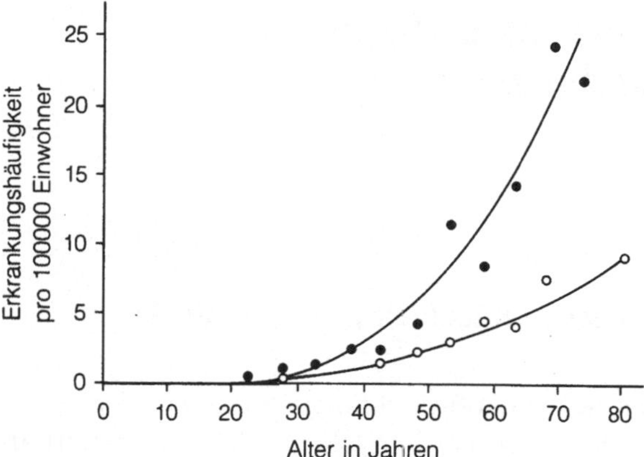

Abb. 1. Häufigkeit von Nierenzellkarzinomen in Abhängigkeit von Alter und Geschlecht (nach Bennington [12]); o weiblich, • männlich

Abbildung 1 gibt eine Erläuterung zur Häufigkeit des NZK in Abhängigkeit von Alter und Geschlecht: Es ist ersichtlich, daß das NZK eine Erkrankung des höheren Lebensalters darstellt, ganz im Gegensatz etwa zum Wilms-Tumor (Nierentumor mit klassischer Manifestation im Kindesalter [195]). Die Geschlechterverteilung (Männer: Frauen) ist beim NZK etwa 2:1 [201].

Auch wurden zahlreiche epidemiologische Untersuchungen mit der Fragestellung durchgeführt, ob gewisse exogene Noxen (z. B. Nikotinkonsum) eine Tumorentstehung fördern. Es gibt Hinweise, daß Dimethylnitrosaminverbindungen aus Tabakrauch als mutagene Substanzen auch für die Entstehung des Nierenzellkarzinoms angesehen werden können [7, 8, 22, 151, 158]. Für die Genese des Urothelkarzinoms ist dieser Zusammenhang eindeutig und lange bekannt [158, 187].

1.2 Pathologisch-morphologische Aspekte

Das NZK ist typischerweise ein kugeliger Tumor von unterschiedlichem Durchmesser, meist am oberen oder unteren Nierenpol gelegen. Abb. 2 und 3 zeigen einen typischen makroskopischen Befund des jeweiligen Operationspräparates.

Schon die makroskopische Inspektion des typischerweise sehr bunten Bildes an der Schnittfläche des Tumors gibt bereits häufig Hinweise auf den regional unterschiedlichen histologischen Aufbau:

- Gelbe Tumorareale entsprechen mikroskopisch meist hellen, wasser-, glykogen- und fettreichen Tumorzellen (Pflanzenzellcharakter, sog. Klarzell- oder Grawitz-Typ) mit teilweise kleinen, pyknotischen Zellkernen (s. Abb. 33a, Kap. 5, S. 82).
- Makroskopisch schwammartig erscheinende Bereiche des Tumors entsprechen mikroskopisch häufig zellreichen Abschnitten mit großen adeno-papillären Tumorzellen. Diese enthalten feine, eosinophile Granula im Zytoplasma, vereinzelt finden sich kleine, runde pyknotische Zellkerne (sog. papillärer oder granulärer Tumorzell-Typ) (s. Abb. 34a, Kap. 5, S. 84).
- Derbe, graue Tumorareale sprechen für sarkomatoide Anteile oder auch für Tumorregression mit Fibrosierung, häufig in Kombination mit Nekrosen und Zystenbildung. Mikroskopisch finden sich relativ kleine spindelförmige Tumorzellen mit kleinen, pyknotischen Zellkernen und schmalem, langgezogenen Zytoplasmasaum (sog. Spindelzell- oder sarkomatöser Tumorzell-Typ, aufgrund des ähnlichen Zellbildes wie bei Fibrosarkomen) (s. Abb. 35a, Kap. 5, S. 85).

Alle drei vertretenen Tumorzelltypen (Klarzell-, Granular- und Spindelzell-Typ) treten allein oder auch in verschiedenen Kombinationen im gleichen Tumor auf [109]. Die Ursache für diese Pleomorphie ist bis heute nicht geklärt.

Hinsichtlich des Wachstumstyps im Gewebe (Growth Pattern) werden mikroskopisch tubuläre, trabekuläre, lobuläre, solide, papilläre und papillär-zystische Zellverbände unterschieden, die in verschiedensten Kombinationen auftreten können [19, 41, 165, 216, 217, 222].

Für den Klarzell-Typ und den Granulär-Zell-Typ zeigen sich prognostisch keine statistisch signifikanten Unterschiede, während Tumoren vom Spindelzell-Typ (ca. 2% aller NZK [165]) eine ungünstige Prognose haben (5-Jahres-Überlebensrate um 20–25%) [14, 19, 142, 170, 175, 182, 222].

Historisch bedingt sprach man früher bei kleinen (<2 cm) Nierentumoren von „Adenomen“, obwohl sie histomorphologisch alle Kriterien des Nierenzellkarzinoms erfüllten. Diese Bezeichnung ist heute nicht mehr korrekt, da auch solch kleine Tumoren metastasieren können [12, 86, 165].

Eigene, zytogenetische Untersuchungen (vgl. dazu S. 93ff.) belegen, daß diese kleinen Tumoren keine Präkanzerose, sondern bereits ein Vollbild des NZK bei lediglich noch kleiner Tumorausdehnung darstellen.

Abbildung 4 erläutert die allgemein übliche Stadieneinteilung des NZK unter Berücksichtigung von Lokal- und Fernmetastasierung sowie Cavathrombenbildung [86, 91].

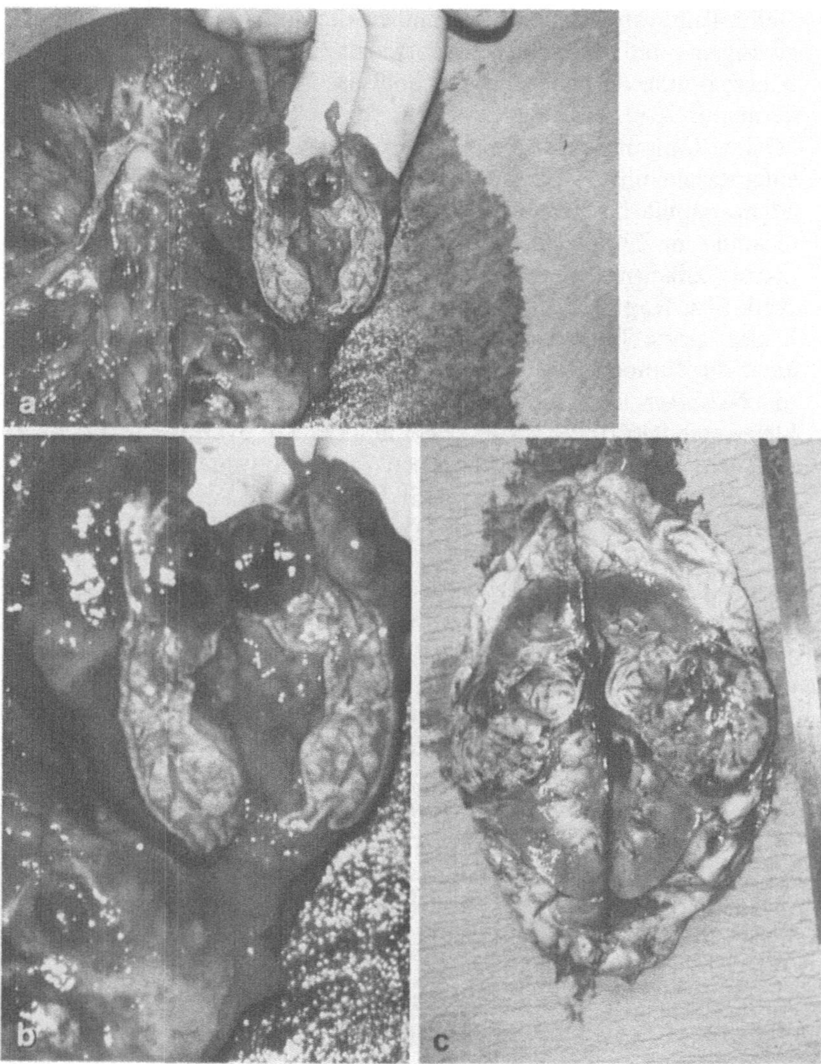

Abb. 2a, b. Makroskopischer Befund eines kleinen Nierentumors (Durchmesser ca. 3 cm); **c.** Größerer Nierentumor im mittleren Drittel (Durchmesser ca. 5 cm): zentrale Nekrosen mit Fibrose

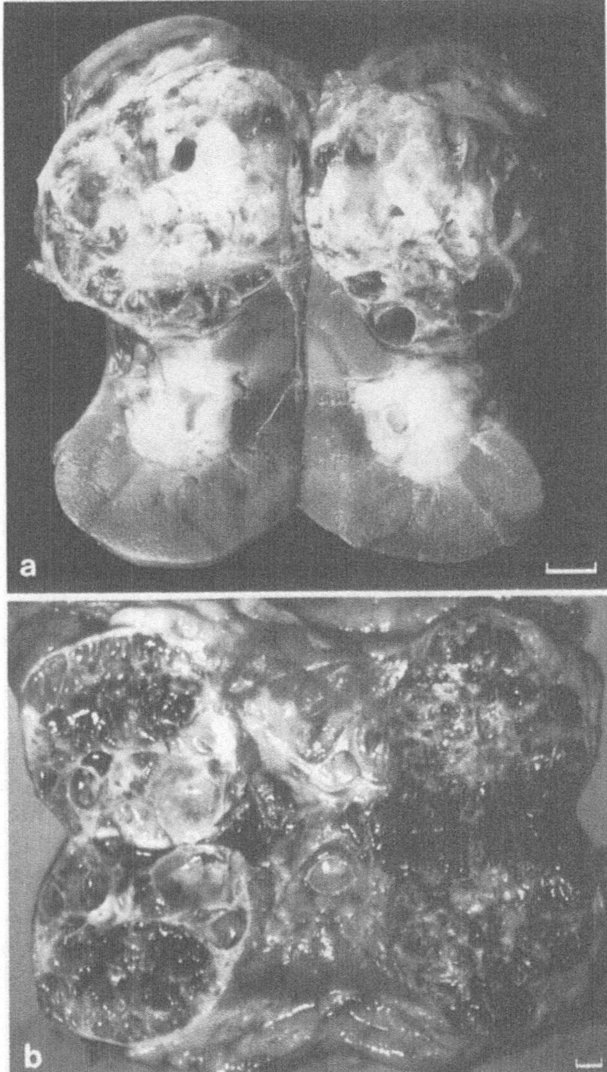

Abb. 3a, b. Makroskopischer Befund von 2 größeren Nierentumoren: **a** oberes und mittleres Nierendrittel erfassend; **b** ausgedehnter Befund, nahezu kein normales Nierengewebe mehr vorhanden

Stadium I
(T_{1-2}, N_0, M_0)
Tumor innerhalb der
Nierenkapsel

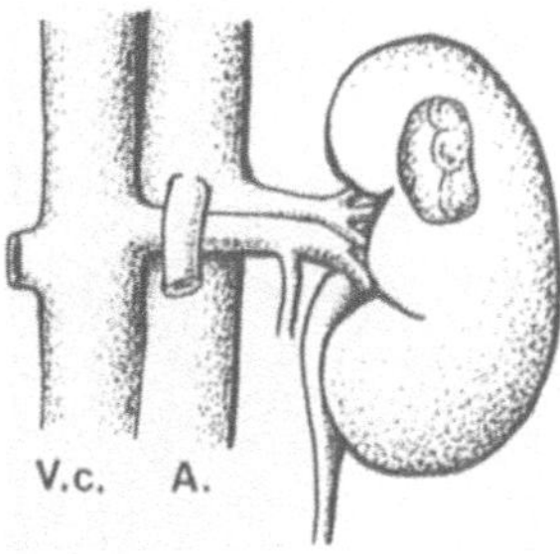

Stadium II
(T_3, N_0, M_0)
Tumorinvasion in das
perirenale Fett

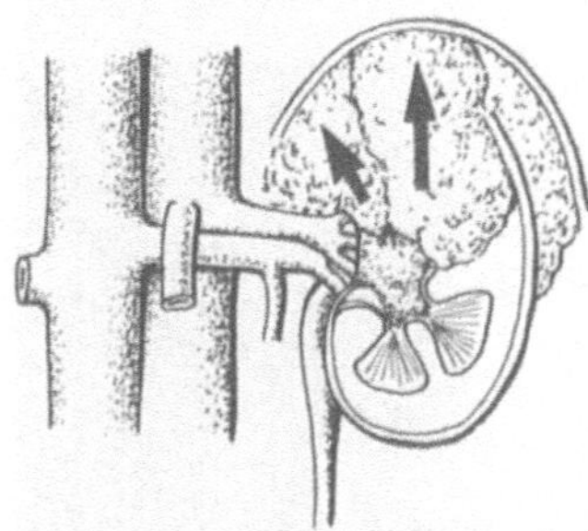

Stadium III
(T_{2-3}, N_{0-3}, M_0)
Befall der regionalen
Lymphknoten (IIIa) und /oder
Einbruch in die Vena cava
(IIIb)

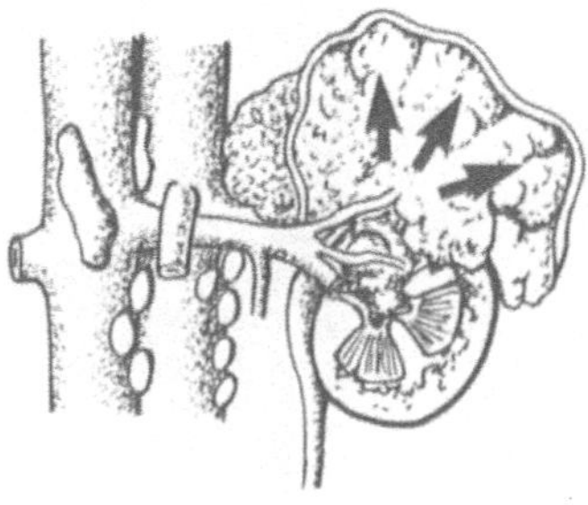

Stadium IV
$(T_{2-4}, N_{0-3}, M_{0-1})$
Tumoreinbruch in benachbarte
Organe, Lymphknoten- und /oder
Fernmetastasen

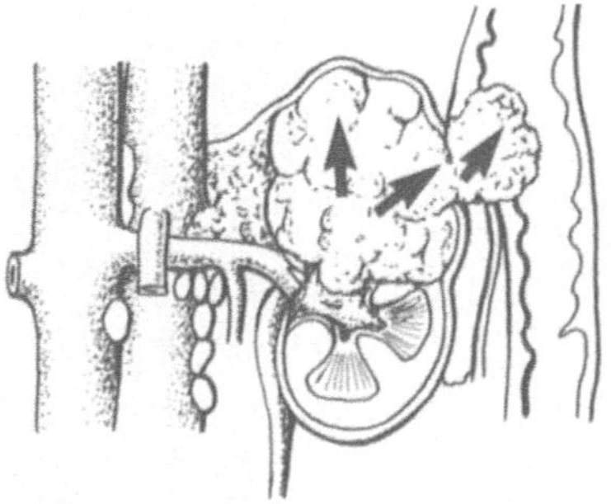

Abb. 4. Stadieneinteilung des Nierenzellkarzinoms (Stadium I–IV) nach J. M. Holland [91], angelehnt an die Schemata von Murphy, Robson und Flocks, sowie die TNM-Klassifikation gemäß den Richtlinien der UICC von 1987 [86]. *V.c.* Vena cava inferior; *A.* Aorta abdominalis

Patienten im Stadium I und II mit einem lokalisierten Tumor ohne Metastasierung haben eine gute Prognose. Werden Patienten in diesem Stadium operiert (radikale Tumornephrektomie: Entnahme der Niere, einschließlich perirenalem Fettgewebe und Gerotascher Fascie, mit Adrenalektomie und Lymphadenektomie, so beträgt die 5-Jahres-Überlebensrate über 60% [43, 109, 110, 170, 209].

Eine nur wenig schlechtere Prognose haben Patienten im gleichen Tumorstadium ohne Metastasierung aber mit Cavatumorthrombenbildung [53, 129, 138, 170, 205]. Somit ist in diesen Stadien das oben dargestellte operative Vorgehen die Therapie der Wahl; konservative Maßnahmen, wie Chemotherapie, Radiatio, Hormontherapie u. ä., sind nicht angezeigt.

Die Zäsur hinsichtlich der Prognose ist nicht in der lokalen Tumorausdehnung (pT-Stadium), sondern im Auftreten von Lokal-(Lymphknoten-) und/oder Fernmetastasen (v.a. Lunge und Knochen) (vgl. dazu 2.1) begründet.

Die Metastasenbildung bedeutet das derzeitige Hauptproblem in der Behandlung dieser Tumor-Patienten. Dies verhält sich beispielsweise ganz gegensätzlich zum metastasierenden Hodenmalignom, wo die empirische Entwicklung von bestimmten Chemotherapie-Regimen eine 5-Jahres-Überlebensrate von über 80% bewirkte [147]. Ähnliche Therapieansätze führen beim NZK offenbar nicht zum Erfolg. So besteht eine Therapievielfalt, deren Resultate sich nicht nennenswert unterscheiden (s. Kap. 2).

Aufgrund dieser Erkenntnisse ist es daher erforderlich, das biologische Verhalten dieses Tumors sowohl in vivo als auch in vitro näher zu analysieren, um mehr über die Gründe der klinisch bekannten Therapieresistenz zu erfahren und um möglicherweise erfolgversprechende Therapiekonzepte erarbeiten zu können.

Kapitel 2

Aktuelle Therapie des metastasierten Nierenzellkarzinoms

2.1 Einleitung

Zum Verständnis des gesamten Behandlungskonzeptes gehört die Kenntnis der gegenwärtigen stadienbezogenen Therapien und ihrer Ergebnisse. Das auf das Organ begrenzt wachsende Nierenkarzinom (Stadium I u. II) hat nach radikaler Tumornephrektomie (unter Mitnahme der Nebenniere und der regionalen retroperitonealen Lymphknoten) eine gute Prognose (s. S. 14): So beträgt die 5-Jahres-Überlebensrate im Stadium I 80% und im Stadium II immerhin noch 55–60% [43, 109, 110, 170, 195, 209]. Adjuvante Therapiemaßnahmen sind hier nicht sinnvoll, da eine weitere Verbesserung der Resultate nicht erreichbar ist.

Dagegen stagnieren die Behandlungsergebnisse des metastasierten Nierenzellkarzinoms (NZK) seit den letzten 15–20 Jahren auf unbefriedigendem Niveau: Für das Stadium III und IV (vgl. dazu S. 14) liegt die 5-Jahres-Überlebensrate unter 10% [48, 60, 68, 109, 129, 170, 195, 209].

Eine relativ häufige Sonderform bei dieser Malignomart (5–10% aller Fälle [102, 136, 202]) stellt das organüberschreitende Wachstum mit Cavatumorthrombusbildung dar (wird ebenfalls dem Stadium III zugeordnet). Die Cavatumorthrombusbildung wird mit und ohne Lymphknoten- bzw. Fernmetastasierung beobachtet, deren unterschiedliche prognostische Bedeutung im Folgenden erläutert wird.

Während im Stadium I und II die radikale Tumornephrektomie weltweit als Standardverfahren anerkannt ist, werden die Therapiestrategien beim metastasierten NZK (Stadium III und IV) kontrovers diskutiert.

2.2 Pro und Contra in der Indikationsstellung zur Lymphadenektomie (Stadium III a)

Zum Zeitpunkt der Diagnosestellung bzw. zum Zeitpunkt der Tumornephrektomie haben ca. 10–30% der Patienten bereits regionäre Lymphknotenmetastasen [209].

Tabelle 2 zeigt eine Literaturübersicht zur Häufigkeit der regionären Lymphknotenmetastasierung beim NZK.

Im Zeitraum von 1972 bis einschließlich 1987 wurden an der Urologischen Klinik der MHH 652 Tumornephrektomien durchgeführt.

Tabelle 3 gibt einen Überblick über die Stadienverteilung der operierten Patienten.

Tabelle 2. Angaben über Häufigkeit von Lymphknotenmetastasen (geordnet nach %-Angaben). (Nach Herrlinger et al. [88])

Autor	RLA	PLA	N	%
Giuliani et al., 1983	+		104	33
Hulten et al., 1964	+		22	32
Waters & Richie, 1969	+		67	24
Herrlinger, 1983	+		211	23
Angervall et al., 1969	+		41	22
Robson, 1982	+		162	21
Petkovic, 1954		+	110	22
Middleton, 1967		+	109	20
Schmiedt & Rattenhuber, 1981		+	346	15
Herrlinger, 1983		+	170	14
Flocks & Kadesky, 1958		+	284	12
Siminovich et al., 1972		+	102	9

Erläuterung: RLA = radikale Lymphadenektomie
PLA = partielle Lymphadenektomie
N = Gesamtzahl der op. Patienten

Tabelle 3. Stadienverteilung der an der MHH operierten Patienten mit NZK ($n=652$), Zeitraum 1972–1987

Stadium			Anzahl	%
No	Mo	Vo	448	68,7
No	M+	Vo	21	3,2
No	Mo	V+	18	2,8
No	M+	V+	2	0,3
N+	Mo	Vo	79	12,1
N+	M+	Vo	64	9,8
N+	Mo	V+	11	1,7
N+	M+	V+	9	1,4
			gesamt = 652	

Gesamt: N+ = 163*
M+ = 96*
V+ = 40*

Zur Erläuterung: * = Mehrfachnennungen möglich

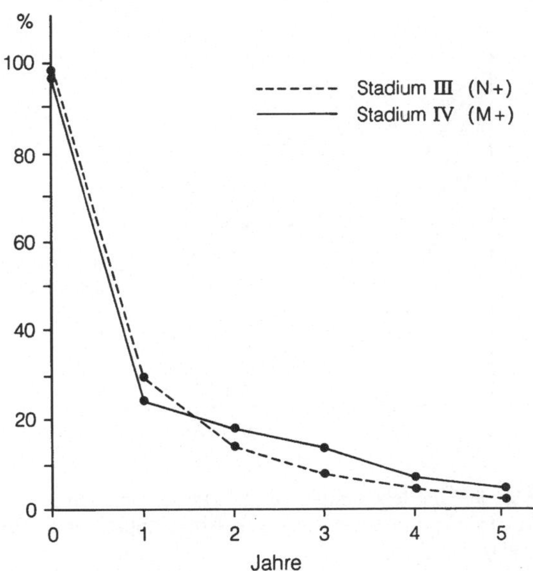

Abb. 5. Graphische Darstellung der Überlebensraten der an der MHH operierten Patienten mit Stadium III (N=108) und Stadium IV (N=96)

Abbildung 5 gibt die postoperativen Überlebensdaten dieser Patienten mit Lymphknoten- bzw. Fernmetastasierung wieder. Diese Daten entsprechen den Ergebnissen anderer Kliniken mit ähnlich großem Krankengut (Abb. 6) [43, 60, 109, 170, 195, 209, 222].

Der therapeutische Wert der retroperitonealen Lymphadenektomie im Stadium I–III wurde in retrospektiven Studien überprüft. Brown und Peters fanden bei 356 Patienten mit radikaler Tumornephrektomie keinen Unterschied in der Überlebensrate zwischen dem Patientenkollektiv mit bzw. ohne gleichzeitiger Lymphadenektomie [163].

In einer ebenfalls retrospektiven Studie unterschieden Herrlinger et al. [88] 381 Patienten mit radikaler Tumornephrektomie in zwei Gruppen: Ein Kollektiv (211 Patienten) erhielt gleichzeitig eine radikale retroperitoneale Lymphadenektomie (RLA), während bei dem anderen Kollektiv (170 Patienten) nur ‚*makroskopisch suspekte*' regionäre Lymphknoten exstirpiert wurden (partielle Lymphadenektomie = PLA). Die Häufigkeit histologisch nachgewiesener Lymphknotenmetastasen betrug bei den Patienten mit PLA 14%, bei der RLA 23%. Wird also lediglich partiell disseziert, werden somit in ca. 30% der Fälle positive Lymphknoten belassen. Bei gänzlichem Verzicht auf die Lymphadenektomie sollte dieser Anteil eher noch größer sein, wenn der Lymphknotenbefall allein durch bildgebende Verfahren ermittelt wird. Herrlinger fand fer-

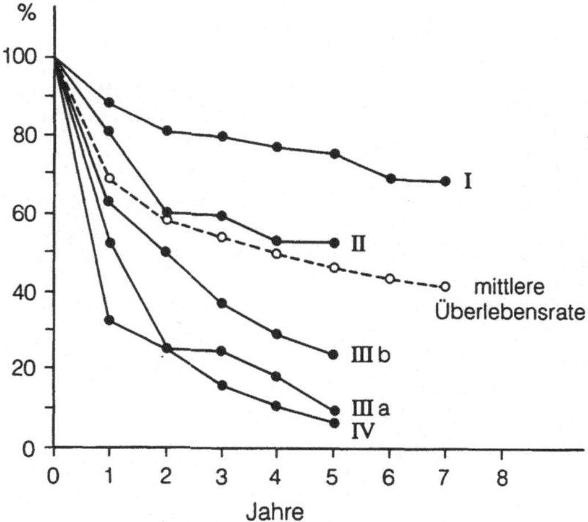

Abb. 6. Überlebensraten von 346 Patienten nach transperitonealer Tumornephrektomie mit Lymphadenektomie in Abhängigkeit vom Tumorstadium. (Nach Schmiedt [195])

ner in den Stadien I und II eine signifikant bessere 5-Jahres-Überlebensrate bei den Patienten mit RLA, verglichen mit den PLA-Patienten (Tabelle 4).

In einer jüngst begonnenen Studie der EORTC (European Organization for Research and Treatment of Cancer, Protokoll-Nr. 30881) wird erstmals prospektiv und randomisiert der Wert der Lymphadenektomie beim NZK überprüft. Um dabei die Variabilität der regionären Lymphknoten-Metastasierung zu erfassen, werden die Lymphknotenregionen topographisch protokolliert. Es bleibt abzuwarten, ob Ergebnisse dieser Studie den tatsächlichen therapeutischen Wert der Lymphadenektomie beim NZK belegen.

Tabelle 4. Stadienabhängige 5-Jahres-Überlebensrate nach transabdomineller Tumornephrektomie in Kombination mit radikaler (RLA) oder partieller (PLA) Lymphadenektomie. (Nach Herrlinger [88])

Stadium	5-Jahres-Überlebensrate		Signifikanz (p)
	PLA	RLA	
I	67±13	88±10	<0,001
II	45±25	92±10	<0,001
IIIa (V+)	48±15	38±21	n.s.
IIIb+c (N+)	11±19	32±19	n.s.

Mehrere Charakteristika des NZK sprechen *gegen* den *therapeutischen Wert* der Lymphadenektomie:

1. Die Häufigkeit der hämatogenen Metastasen entspricht denen der regionären Lymphknotenmetastasierung (15–20%) [209]. Etliche Patienten mit Lymphknotenmetastasen haben bereits hämatogene Mikro-Knochenmetastasen, die sich zum Zeitpunkt der Operation der bildgebenden Diagnostik entziehen, weil mindestens 40% eines circumscripten Knochenareals neoplastisch verändert sein müssen, um einen positiven Befund in den bildgebenden Verfahren zu erhalten [25, 47, 117, 154]. Somit kommt diese regionäre radikale Therapie zu spät und bedeutet eine unnötige Belastung für den Patienten.
2. Die Lymphdrainage des Nierenzellkarzinoms ist variabel und kann in unterschiedliche Lymphknotenstationen retroperitoneal erfolgen [137].
   Abbildung 6a zeigt die Variabilität der Lymphabflußwege und der Lymphknotenstationen jeweils für die rechte und linke Niere. In den bisher vorliegenden retrospektiven Studien war ein einheitliches Vorgehen für die Lymphadenektomie nicht festgelegt worden, wodurch sich die Resultate sehr relativieren.
3. Viele Patienten ohne regionäre Lymphknotenmetastasen entwickeln trotzdem eine disseminierte Fernmetastasierung [108, 209]. Eine mögliche Erklärung für dieses Phänomen ist das hohe gefäßinvasive Potential des NZK; so kommt es bereits in frühen Stadien zu einer hämatogenen Aussaat unter Umgehung einer Lymphknotenmetastasierung [53, 142, 165, 209, 222].

Aus diagnostischer Sicht ist unbestreitbar, daß die Lymphadenektomie beim NZK eine *Verbesserung* für die Staging-Beurteilung bringt, da trotz der modernen bildgebenden Verfahren (CT und Sonographie) durchaus in 10–20% von einem Understaging auszugehen ist [109].

Bereits 1964 konnte Skipper tierexperimentell eine negative Korrelation zwischen Tumormasse (Anzahl der Tumorzellen) und dem Ansprechen auf eine systemische Therapie (Chemotherapie) nachweisen [206]. 1985 wurde dieser Zusammenhang von de Vere-White u. Mitarbeitern nochmals bestätigt [224].

Unter Berücksichtigung aller möglichen postoperativen adjuvanten oder palliativen (Immun-)Therapieformen (wie später erläutert), muß auch beim NZK eine möglichst weitgehende Tumormassereduktion operativ angestrebt werden, da sonst die daran anschließende systemische Therapie überfordert wird [1, 24, 61, 65, 109, 170].

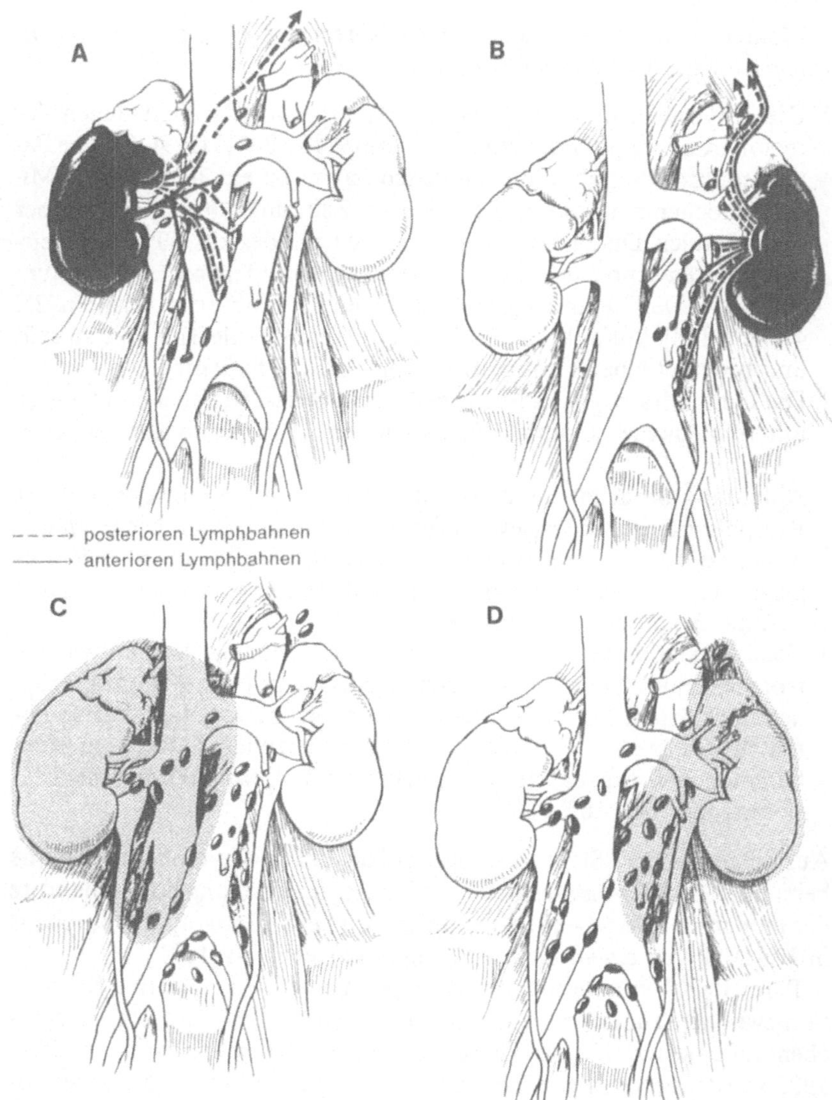

Abb. 6 A–D. Die Anatomie der radikalen retroperitonealen Lymphadenektomie beim NZK: regionale Lymphabflußwege und Lymphknoten der rechten Niere (**A**) und der linken Niere (**B**). Ausdehnung der retroperitonealen Lymphadenektomie bei radikaler Tumornephrektomie rechts (**C**) und links (**D**). (Nach F. Marshall et al. [137])

2.3 Die operativen Behandlungsergebnisse beim NZK mit Cavatumorthrombusbildung (Stadium IIIb)

Wie bereits unter 2.2 erläutert, hatten 40 der im Zeitraum von 1972 bis 1987 an der MHH operierten Patienten Cavatumorthromben, davon 22 Patienten (55%) in Kombination mit regionärer Lymphknotenmetastasierung bzw. Fernmetastasierung. Der Cavatumorthrombus nimmt hinsichtlich der Tumorausdehnung neben der regionären und Fernmetastasierung eine Sonderstellung ein: Hier wächst der Tumor per continuitatem über die Nierenvene und dann über die untere Hohlvene beträchtlich über das Organ hinaus, bedient sich eines präformierten Weges, den er „einhält". Trotz des intravasalen Tumorwachstums mit optimalen Bedingungen für eine Tumorzellaussaat erfolgt bei Vorliegen eines Cavathrombus nicht zwangsläufig eine Lokal- oder Fernmetastasierung. Die Häufigkeit des Auftretens eines Cavathrombus beim Nierenzellkarzinom wird in der Literatur mit 5–10% angegeben [102, 136, 202, 209].

Tabelle 5 zeigt die Seitenverteilung, Geschlechtsverteilung sowie das Durchschnittsalter der an der MHH operierten Patienten mit Cavathrombus. Die klinische Symptomatik dieser Patienten (Tabelle 6) war

Tabelle 5. Patienten mit Cavathrombus beim Nierenzellkarzinom (Urolog. Klinik, MHH) $n=40$

Seitenlokalisation	rechts:	32 (80%)
	links:	8 (20%)
Geschlechtsverteilung	männlich:	28 (70%)
	weiblich:	12 (30%)
Durchschnittsalter:	62 Jahre (35–80 Jahre)	

Tabelle 6. Nierentumor mit Cavathrombus, Symptomatik bei 40 Patienten (Urolog. Klinik, MHH)

	n	%
Palpabler Tumor	20	50,0
Makrohämaturie	17	42,5
Unspezifische Symptome der Tumorerkrankung	11	27,5
Flankenschmerz	9	22,5
Symptome einer unteren Einflußstauung	7	17,5
Trias:		
Hämaturie, Flankenschmerz, palpabler Tumor	2	5,0
Symptome bei bereits erfolgter Metastasierung	2	5,0
Keine Symptome durch Tumorerkrankung (Zufallsbefund):	10	25,0

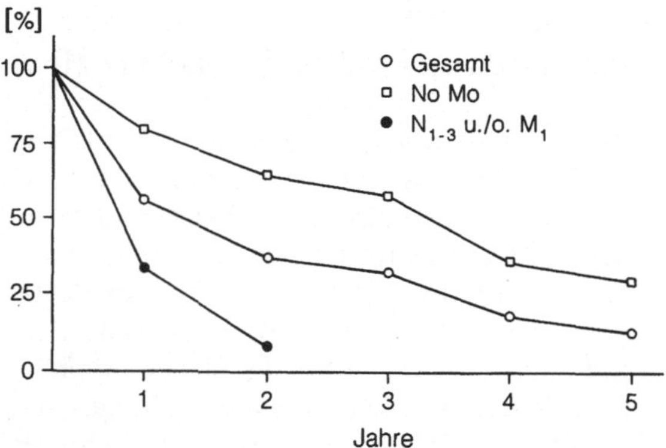

Abb. 7. Graphische Darstellung der Überlebensraten beim Nierenzellkarzinom mit Cavathrombus

Tabelle 7. Intra- und postoperative Komplikationen bei 40 Tumornephrektomien mit Cavathrombusentfernung

	n	%
Stärkere Blutung	9	22,5
Lungenembolie post op.	3	7,5
Pleuraerguß	3	7,5
Pneumonie	3	7,5
Wundheilungsstörung	2	5,0
Lungenembolie intra op.	1	2,5
Tumoreinriß	1	2,5
Pankreaseinriß	1	2,5
Milzeinriß	1	2,5
Sepsis unklarer Genese	1	2,5
Nierenversagen	1	2,5
Periop. Letalität (Sepsis, Lungenembolie)	2	5,0

unterschiedlich, einzelne als pathognomonisch anzusehende Symptome konnten nicht beobachtet werden.

Bei einem Patienten kam es intraoperativ zur Lungenembolie, sie konnte konservativ beherrscht werden. In drei Fällen trat postoperativ eine Lungenembolie auf, davon einmal mit letalem Ausgang. Postoperativ verstarb ein Patient aufgrund einer Sepsis, deren Ursache nicht geklärt werden konnte. Die gesamte perioperative Letalität betrug somit 5% (bezogen auf die Gruppe der Patienten mit Cavatumorthrombus) (Tabelle 7). Die Überlebensdaten sind graphisch in Abb. 7 dargestellt. Bei bereits eingetretener Fernmetastasierung entsprechen die Überlebensraten den bekannten Zahlenverhältnissen beim Nierenzellkarzinom ohne Cavathrombus (s. Abb. 6). Lediglich bei organbegrenzter Tumorausdehnung (also pT1–3, N0, M0) ist die 5-Jahres-Überlebensrate gegenüber stadiengleichen Patienten ohne Cavathrombus herabgesetzt. Allerdings haben die Patienten mit Cavathrombus ohne Lymphknoten- oder Fernmetastasen eine wesentlich bessere Prognose gegenüber Patienten mit bereits vorhandener Metastasierung: Die 5-Jahres-Überlebensrate betrug für das Gesamtkollektiv 14% und 30% für die Patienten ohne Metastasen, während kein Patient mit Metastasierung länger als 3 Jahre überlebte.

Aufgrund des kleinen Zahlenmaterials war eine statistisch signifikante Abgrenzung zwischen Tumorinfiltration ins perirenale Fettgewebe (pT3) oder dem histologischen Tumorzelltyp und der Prognose nicht möglich.

Insgesamt beurteilt gilt für den Sonderfall Cavatumorthrombus dasselbe therapeutische Vorgehen wie für das Nierenzellkarzinom allgemein: Da gegenwärtig – außer der chirurgischen Therapie (wie später in diesem Kapitel erläutert) – keine überzeugenden konservativen Behandlungsmöglichkeiten zur Verfügung stehen, ist – unabhängig von der Cavathrombusgröße – eine radikale chirurgische Therapie indiziert. Diese Indikationsstellung beim NZK mit Cavathrombus wird von anderen Autoren mit ähnlichem Krankengut ebenfalls vertreten [129, 138, 170, 205].

2.4 Allgemeine konservative Therapie beim metastasierten Nierenzellkarzinom (Stadium IV)

Nach Durchführung umfangreicher randomisierter prospektiver Studien haben die Hormontherapie (s. Kap. 3), die Strahlentherapie (s. Kap. 4) [24, 112, 154, 223] sowie auch die Zytostatika-Therapie (s. Kap. 8) [48, 52, 109, 215] entgegen den anfänglich euphorischen Erwartungen insgesamt lediglich enttäuschende Resultate geliefert. Die Raten der partiellen Remissionen liegen – je nach Autor – um 10–15%, über komplette Remissionen wird bis max. 4% in der Literatur berichtet [24, 48, 52, 89, 109, 154, 215, 244].

Dabei ist außerdem noch zu berücksichtigen, daß in der Literatur die Häufigkeit von kompletten Spontanremissionen allein nach Tumornephrektomie mit 0,5–4% angegeben wird [153, 181].

Die Ursachenerklärungen für dieses klinisch bekannte Phänomen sind verschiedenartig und hypothetisch, die meisten Autoren erklären dieses mit einer Änderung der Immunitätslage des Patienten und mit einer

Zunahme der Antigenität der Tumorzellen [37, 83, 95, 240]. Viele dieser Autoren sehen die operative zytoreduktive Behandlung als wesentliche Voraussetzung, da komplette Spontanremissionen ohne vorhergehende Tumornephrektomie wesentlich seltener beobachtet wurden [153, 181].

Aufgrund dieser Argumentation wurden von verschiedenen Operateuren solitäre Fernmetastasen bei NZK-Patienten ausgeräumt; sie berichten über 5-Jahres-Überlebensraten bis zu 40% [26, 81, 90, 236], eine Maximalchirurgie bei diffuser Metastasierung wird jedoch nicht befürwortet.

2.5 Immuntherapie

2.5.1 Unspezifische Immuntherapie

Als unspezifisches Immunstimulanz in der onkologischen Therapie ist BCG (Bacillus Calmette-Guérin) am weitesten verbreitet. Insbesondere als intravesikale Applikationsform beim oberflächlichen Harnblasenkarzinom haben sich Erfolge gezeigt: BCG konnte im 2-Jahres-Follow-Up die Rezidivrate signifikant auf 30% senken, während unbehandelte Patienten eine Rezidivrate um 60–80% zeigten [21, 87, 125].

Beim NZK wurde BCG bisher als Monotherapie, aber auch in Kombination mit Hormon- und Chemotherapie angewendet. So berichteten Morales et al. 1982 über Patienten mit metastasiertem Nierenzellkarzinom, die BCG postoperativ erhielten: Es konnte kein signifikanter Unterschied zwischen behandelten Patienten und der Kontrollgruppe (hier war lediglich eine Tumornephrektomie erfolgt) nachgewiesen werden [145].

Andere Autoren [46, 50, 126, 139] konnten ebenfalls keine Verbesserung der Überlebensrate gegenüber der alleinigen Tumornephrektomie mit Lymphadenektomie feststellen.

2.5.2 Passive spezifische Immuntherapie

Die passive spezifische Immuntherapie beruht auf der Präparation einer exogenen Immun-Ribonucleinsäure (i-RNA), um mit dieser das Immunsystem des Patienten gezielt tumorspezifsich zu stimulieren [107, 167, 172, 178, 203, 225]. Das Hauptproblem bei der Applikation der i-RNA ist die sehr schnelle Inaktivierung durch die Gewebs-Ribonuklease im Patienten selbst [177]. Dadurch wird der Therapieeffekt völlig aufgehoben. Richie et al. inkubierten daher Lymphozyten von Patienten mit NZK in vitro mit i-RNA und reinfundierten diese Lymphozyten anschließend in den Patienten. In einer kleinen Serie von 27 operierten Patienten mit Metastasierung wurde dabei eine komplette Remission sowie fünfmal eine partielle Remission beobachtet [177]. Studien mit größeren Fallzahlen liegen jedoch nicht vor [167].

2.5.3 Aktive spezifische Immuntherapie mit autologem Tumorgewebe beim metastasierten NZK

Der häufig unvorhersehbare Verlauf des metastasierten Nierenzellkarzinoms, insbesondere die große Variabilität in der Wachstumsgeschwindigkeit von Metastasen, ihr evtl. jahrelanger Wachstumsstillstand [136] sowie spontane Remissionen [16, 109, 181] lassen vermuten, daß gewebsspezifische Wachstumsfaktoren eine entscheidende Rolle beim Wachstum dieser Tumorart spielen. Beweise für einen Zusammenhang zwischen Remission und verbesserter Immunitätslage wurden bisher nicht erbracht. Andererseits wurden Veränderungen der zellulären und humeralen Immunität bei Patienten mit NZK nachgewiesen [166, 212, 221].

Es ist hinreichend bewiesen, daß die Mehrheit aller Tumoren tumorassoziierte Antigene besitzt [166, 212, 221]. Diese Antigene sind jedoch meistens nur in geringer Anzahl vorhanden. Die tumorspezifische Immuntherapie erfolgt mit Stoffen, die direkt mit tumorassoziierten Antigenen reagieren.

Die *aktive* tumorspezifische Immuntherapie basiert auf der Immunisierung mit einem Tumorantigen-Vakzin. Im Gegensatz dazu ist die systemische Gabe von monoklonalen oder anderen Antikörpern, die gegen Antigene der Tumorzelle gerichtet sind, eine Form der *passiven* tumorspezifischen Immuntherapie. Diese Antikörper können allein oder gebunden an Medikamente, Toxine oder Radioisotope appliziert werden:

Nach üblicher Tumornephrektomie erfolgt eine Perfusion der Nieren wie bei einer Nierentransplantation. Dann werden gegen NZK gerichtete monoklonale Antikörper nach einem speziellen Präparationsverfahren injiziert. Durch immun-histochemische Verfahren konnten auf diese Weise hochspezifisch Nierentumorzellen *markiert* werden [155].

Die erwähnten monoklonalen Antikörper besitzen keine intrinsische antitumorale Zytotoxizität, auch wenn sie gegen den Tumor gerichtet sind.

Dies beruht auf der Unfähigkeit, Komplement zu binden oder eine antikörperabhängige zellgerichtete Zytotoxizität zu induzieren. Bisher liegt der Gewinn bei der Anwendung monoklonaler Antikörper in der serologischen Radioimmun-Tumor*diagnostik*.

Es wurden bisher mehrere Präparationsverfahren für die Autoimmunisierung des Patienten durch eigenes Tumorgewebe angewendet [149, 192, 212, 221]: Gemeinsam ist allen Präparationsmethoden die Zugabe von Vaccinen, um eine nicht spezifische Wirtsabwehr zu aktivieren oder andere Abwehrmechanismen in Gang zu setzen. Dazu gehört etwa die makrophagenabhängige tumorizidale Aktivität, die Natural-killer-Zellaktivität oder das Abfangen von zirkulierenden Tumorzellen durch das RES (retikuloendotheliales System).

Tabelle 8 faßt die Therapieergebnisse der aktiven spezifischen Immuntherapie mit Präparation von autologen Tumorzellen in Kombination mit einem unspezifischen Adjuvans zusammen. Eine klinische Studie [123] zeigte bei dieser Therapieform eine 1-Jahres-Überlebensrate von 22%.

Komplette Remissionen (teilweise bis zu 20%) erscheinen sehr hoch, sie konnten von anderen Autoren nicht nachvollzogen werden [66, 173]. Randomisierte, prospektive Doppelblind-Studien hinsichtlich der aktiven spezifischen Immuntherapie mit Gabe von autologen Tumorzellvakzinen liegen allerdings nicht vor.

Tabelle 8. Aktive spezifische Immuntherapie beim metastasierten NZK mittels Präparation autologer Tumorzellen in Kombination mit einem unspezifischen Adjuvans. (Nach Kurth et al. [123])

Autor	Ergebnis	
	CR *	PR **
Tykkä, 1978	6/30	1/30
Neidhart, 1980	2/30	2/30
McCune, 1980	–	4/14
Klippel, 1981	2/7	–
Brown, 1981	3/27	–
De Kernion, 1981	4/16	–
Schärfe, 1983	6/20	–
Neidhart, 1983	1/27	1/27
Tumorantigen versus Depotprovera	0/31	0/31
Total CR+PR	32/202 Patienten	

* = komplette Remission (complete remission)
** = partielle Remission (partial remission)

2.5.4 Alpha-Interferone (Alpha-IFN)

Interferone und hier insbesondere Alpha-Interferone (hergestellt durch Rekombinations-DNA-Technologie) sind gegenwärtig mit die effektivsten Therapieformen beim metastasierten NZK.

Interferone haben nicht nur einen immunmodulierenden Therapieeffekt, sondern sind auch direkt zytotoxisch gegenüber Tumorzellen wirksam. Bis zu 25% der Patienten mit metastasiertem NZK zeigen partielle oder komplette Remission nach Gabe von gereinigtem Leucozyten-Alpha-IFN oder reinem Rekombinanten-Interferon.

Verschiedene Autoren berichteten jüngst, daß Interferone die besten bisher nachgewiesenen Therapieergebnisse beim metastasierten NZK erbringen: Bei alleiniger Lungenmetastasierung finden sich Remissionsraten bis zu 30%, Knochenmetastasen sprechen dagegen deutlich schlechter an [13, 39, 57, 59, 61, 65, 148, 157, 211].

Niedrige Interferondosen (von $2-5 \times 10^6$ IU), teilweise in Kombination mit einer Hormontherapie (Medroxyprogesteron) oder Chemotherapie, zeigten sich als ineffektiv in der Behandlung des metastasierten NZK [42, 56, 63, 64, 168].

Wichtig sind in diesem Zusammenhang die In-vivo/In-vitro-Untersuchungen, die folgenden Sachverhalt zeigten: Bei höheren Dosen als 3×10^6 IU pro Tag haben die Interferone einen immunsuppressiven Effekt, die Zellabtötung ist dann allein durch einen direkten zytostatischen Effekt bei der Hochdosistherapie begründet. Bei diesen hohen Dosen kann der In-vivo-Therapieeffekt nicht mehr durch einen immunmodulierenden Einfluß auf das Immunsystem des Tumorpatienten erklärt werden.

Da nach den bisherigen Resultaten der zytostatische Effekt der Interferone beim metastasierten Tumor die Hauptwirkungskomponente darstellt, behandeln in jüngster Zeit einige Kliniker diese Patienten mit einer Hoch-Dosis (über 30×10^6 IU) unter gleichzeitiger Gabe von Corticosteroiden (z. B. Prednisolon), um die Nebenwirkungen der Hoch-Dosis-Therapie (Fieber, gastrointestinale Reaktionen) abzumildern, da sonst ohne diese Maßnahme eine Dosisreduktion meist erforderlich wird [62, 65, 69].

2.5.5 Kombinierte Behandlung mit Interleukin-2, Interferon und autologen cytotoxischen Lymphozyten

Über Interleukin-2, auch in Kombination mit anderen Therapeutika, liegen derzeit noch wenig Erfahrungen in der Behandlung von Patienten mit metastasiertem NZK vor. Interleukin-2 (IL-2) wurde 1976 erstmals von Morgan und Rusetti [146] im Überstand von Lymphozytenkulturen nachgewiesen. IL-2 verursacht eine Proliferation sowie Aktivierung von T-Zellen. Mittels Rekombination war es möglich, IL-2 in größeren Mengen in vitro herzustellen [184].

Erst in den letzten Jahren konnte nachgewiesen werden, daß IL-2 auch auf andere Systeme des Immunapparates Einfluß hat: T-Suppressor-Zellen, T-Helfer-Zellen, LAK-, CTL- und NK-Zellen [74, 78, 237].

In athymischen Mäusen (nu-nu) kann IL-2 das Immunsystem nahezu vollständig normalisieren. Bei mit IL-2 therapierten Patienten bestehen jedoch häufig schwerwiegende Nebenwirkungen wie Fieber, Erbrechen und Durchfall, so daß die Therapie allein bereits die Patienten gefährdet. Dies führte dazu, daß IL-2 bisher nur unter intensivmedizinischen Bedingungen appliziert werden durfte.

Rosenberg und Mitarbeiter beobachteten als erste ein therapeutisches Ansprechen von Patienten mit progredientem metastasierten NZK bei kombinierter Anwendung von Interleukin-2 (IL-2) (als i. v.-Bolus) und autologen, lymphokin-aktivierten Killer-Zellen (sog. LAK-Zellen) [185, 186]: Ansprechrate = 30% (12 von 36 Patienten) für komplette und partielle Remissionen. Im Gegensatz zu dem therapeutischen Vorgehen von Rosenberg applizierte West IL-2 als kontinuierliche intravenöse Infusion und konnte dadurch eine Reduktion der häufigen und erheblichen therapiebedingten Nebenwirkungen (Fieber, Anaemie, Hypotension, Diarrhoe, renale Toxizität (um nur die wichtigsten zu nennen)) erreichen. Von 40 behandelten Patienten hatten 6 Patienten ein metastasiertes NZK, von denen 3 Patienten ansprachen [242].

Den tumorinfiltrierenden cytotoxischen Killer-Zellen (sog. CTIL-Zellen) wird eine höhere therapeutische Effizienz zugesprochen, verglichen mit autologen, lymphokin-aktivierten Killer-Zellen (LAK-Zellen), die aus dem peripheren Blut des Patienten präpariert werden [11, 58, 120].

Seit Januar 1989 wird in der Abteilung Haematologie und Onkologie der Medizinischen Hochschule Hannover, u. a. in Kooperation mit der Urologischen Klinik der MHH, eine klinische Studie (Phase I/II) bei Patienten mit metastasierten Malignomen (u. a. NZK) durchgeführt, die eine kombinierte Therapie mit CTIL-Zellen und Rekombination-Interleukin-2 (rIL-2) plus Interferon-Alpha erhalten, gefolgt mit der daran anschließenden Gabe von LAK-Zellen plus rIL-2. Die Dosis-Verträglichkeit und die Response-Rate der verschiedenen Malignome sollen untersucht werden [9].

Alle bisherigen Therapiekonzepte, von der Hormontherapie über die Zytostatikatherapie bis zur Immuntherapie, zeigen vergleichbare Remissionsraten. Dabei ist der Anteil der kompletten Remissionen als enttäuschend gering anzusehen.

Hinsichtlich der LAK-Zell- und CTIL-Zell-Therapie liegen bisher nur wenige Studien mit jeweils nur kleiner Fallzahl vor, so daß endgültige Beurteilungen noch nicht möglich sind. Lediglich die Alpha-Interferontherapie scheint nach jüngsten Ergebnissen beim NZK mit Lungenmetastasen eine signifikante Verbesserung der Ansprechrate und der Prognose zu bewirken [61, 65, 122, 157, 170], allerdings müssen diese Daten in größeren randomisierten Studien noch bestätigt werden.

In früheren Jahren wurde die Indikation zur Tumornephrektomie beim metastasierten NZK vielerorts sehr restriktiv gesehen, da die alleinige Operation den Krankheitsverlauf nicht wesentlich beeinflussen konnte. Aufgrund der Weiterentwicklung der beschriebenen modifizierten Immuntherapieformen hat sich in den letzten Jahren eine Neuorientierung in der operativen Indikationsstellung im Stadium III und IV gezeigt.

Es gilt gegenwärtig die Meinung, daß eine Immuntherapie erst nach max. zytoreduktiver Behandlung (d. h. Tumornephrektomie und retroperitoneale Lymphadenektomie, ggf. in Kombination mit Entfernung von operablen Fernmetastasen) erfolgen sollte [109, 133, 150, 170]. Die alleinige konservative Immuntherapie ohne vorhergehende Tumorreduktion ist anhand der Ergebnisse aus der Literatur abzulehnen.

Wie unter 2.4 bereits erwähnt, ist die endokrine Therapie des NZK weit verbreitet.

Im nächsten Kapitel soll die Berechtigung dieser Therapieform anhand eigener biochemischer Untersuchungen an Nierentumormaterial überprüft werden.

2.6 Einsatz von Biological Response Modifiers (BRM) (Interferone, Interleukine) als Mono- oder als Kombinationstherapie: Review der aktuellen klinischen Daten

Beim metastasierten Nierenzellkarzinom sind gegenwärtig die BRM als Therapeutikum der Wahl anzusehen. Dieses spiegelt sich in den derzeit laufenden klinischen Studien wider.

2.6.1 Wirkungsmechanismen der Interferone (IFN)

Die Interferone sind Makroproteine, die aufgrund ihrer antiviralen, antiproliferativen und immunmodulatorischen Effekte in verschiedene Gruppen eingeteilt werden. Ihre antivirale Wirkung wurde 1957 von Isaacs und Lindemann entdeckt. Seitdem unterteilt man sie in die Alfa-, Beta- und Gamma-Interferone, die sich strukturell, biochemisch und mit Hilfe von Antigenen voneinander unterscheiden lassen (Tabelle 9).

Alfa-Interferon wird von Monozyten und transformierten B-Zell-Linien als Antwort auf Viren und Antigenstimuli produziert. Die Proteine sind heterogen mit Molekulargewichten zwischen 16 und 27 kD je nach dem Grad der Glykolisierung. 165–166 Aminosäuren sind in den reifen, pH-stabilen Proteinen vorhanden. Es gibt 2 Untergruppen von Alfa-Interferonen, welche beide auf dem Chromosom 9 im Menschen lokalisiert sind. Von den 23 bekannten Genen des Alfa-Interferons scheinen für die Funktion wenigstens 15 von Bedeutung zu sein.

Beta-Interferon wird von Fibroblasten gebildet und ist beim Menschen das Produkt eines einzigen Gens auf Chromosom 9. Viele Induktoren des Beta-Interferons induzieren auch Alfa-Interferone. Poly(rl):poly(rc) induziert vorzugsweise Beta-Interferon, während Virusinfektionen sowohl Alfa- als auch Beta-Interferon induzieren.

Es zeigt sich eine Homologie zwischen den verschiedenen Alfa-Interferon-Genen (85–89%) und zwischen Alfa- und Beta-Interferon-Genen (45%), aber nicht zwischen diesen Genen und dem Gamma-Interferon-Gen.

Tabelle 9. Charakteristika humaner Interferone

Interferon	Alpha	Beta	Gamma
Anzahl Gene	23	1	1
Genort*	9	9	12
Rezeptorort*	21	21	6
Molekulargewicht (kD)	ca. 20	23	17–25
Aminosäuren	165–166	166	143
pH-Stabilität	stabil	stabil	labil
Zellherkunft	Monozyten B-Zellen	Fibroblasten	T-Zellen
Induktoren	Virus	dsRNS Poly 1, C Virus	Antigen Mitogen

(M. Peters; Seminars in Liver Dis., Vol. 9, No. 4, 1990)

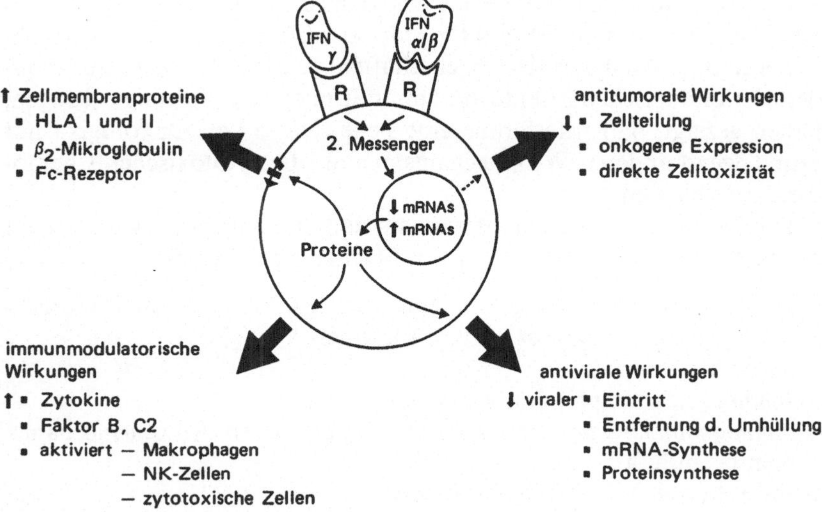

Abb. 8. Die Wirkungen von Interferonen

Die Addition von Interferon zu Zellen bewirkt eine Induzierung multipler Proteine, von denen viele noch nicht charakterisiert sind. Die immunmodulatorischen und antiviralen Wirkungen der Interferone werden durch diese Proteine vermittelt (Abb. 8). Am besten charakterisiert sind zwei dieser Proteine, nämlich 2′5′-Oligoadenylatsynthetase (2′5′OAS) und eine Proteinkinase. Weitere induzierte Proteine sind u. a. das MX-Protein, HLA-Antigene und DNS-bindende Proteine.

Im Gegensatz hierzu zeichnet sich das Gamma-Interferon durch einen anderen Genlocus und eine andere Struktur aus. Gamma-Interferon ist das Ergebnis einer Genkopie; das hierfür verantwortliche Gen befindet sich auf dem menschlichen Chromosomen 12 und hat 3 Introne. Das Protein enthält 143 Aminosäuren mit Molekulargewichten von 17–25 kD je nach Ausmaß der Glykolysierung. Im Gegensatz zu den Alfa- und Beta-Interferonen ist Gamma-Interferon labil bei saurem pH. Verschiedene Antigene und Mitogene, wie Phytohämagglutinin, induzieren die Bildung von Gamma-Interferon durch T-Zellen. Während Alfa- und Beta-Interferone viele Ähnlichkeiten miteinander aufweisen, was ihre Induktion und Wirkung anbetrifft, so scheint Gamma-Interferon relativ zu seiner antiviralen Wirkung ausgeprägtere immunregulatorische Effekte zu haben*.

* Intron A Injektion: Ergebnisse aus Phase II/III-Studien, Essex Pharma, München 1989.

Die Alfa- und Beta-Interferone des Menschen haben einen gemeinsamen Rezeptor, dessen GEN seinen Ort auf Chromosom 21 hat.

Sorgfältige Analysen der Eigenschaften von Interferonen, insbesondere der biologischen Effekte, die zur antitumoralen Wirkung beitragen, haben gezeigt, daß Interferone eine neue Klasse von Onkologika mit grundlegend anderen Wirkmechanismen als die zytotoxischen Chemotherapeutika sind.

Bei den Interferonen nimmt man an, daß ihre Antitumorwirkung auf einem oder mehreren der folgenden Mechanismen beruht:

1. *antiproliferative Wirkung,* d. h. eine direkte Inhibition von Tumorzellteilungen durch Expression von Enzymen,
2. *antivirale Wirkung,*
3. *Inhibition* der Expression von Onkogenen,
4. *immunmodulierende Wirkung,* die körpereigenen Abwehrmechanismen beeinflußt.
5. Induktion *phänotypischer Reversion.*

Als Beispiel ist die Wirkung von Interferon Alfa in Abb. 9 aufgeführt:

2.6.2 Nebenwirkungen

Die Therapie mit Interferonen führt zu dosisabhängigen Nebenwirkungen, wie

- Fieber
- Schüttelfrost
- Abgeschlagenheit
- Rücken- und Gliederschmerzen
- Kopfschmerz
- Übelkeit
- Tachykardie
- Leuko-Thrombopenie
- Erhöhung der Leberenzyme
- Verwirrtheit, Depression

Im Vordergrund stehen Kopf- und Gliederschmerzen, Schweregefühl, Abgeschlagenheit sowie Temperaturen bis 39°.

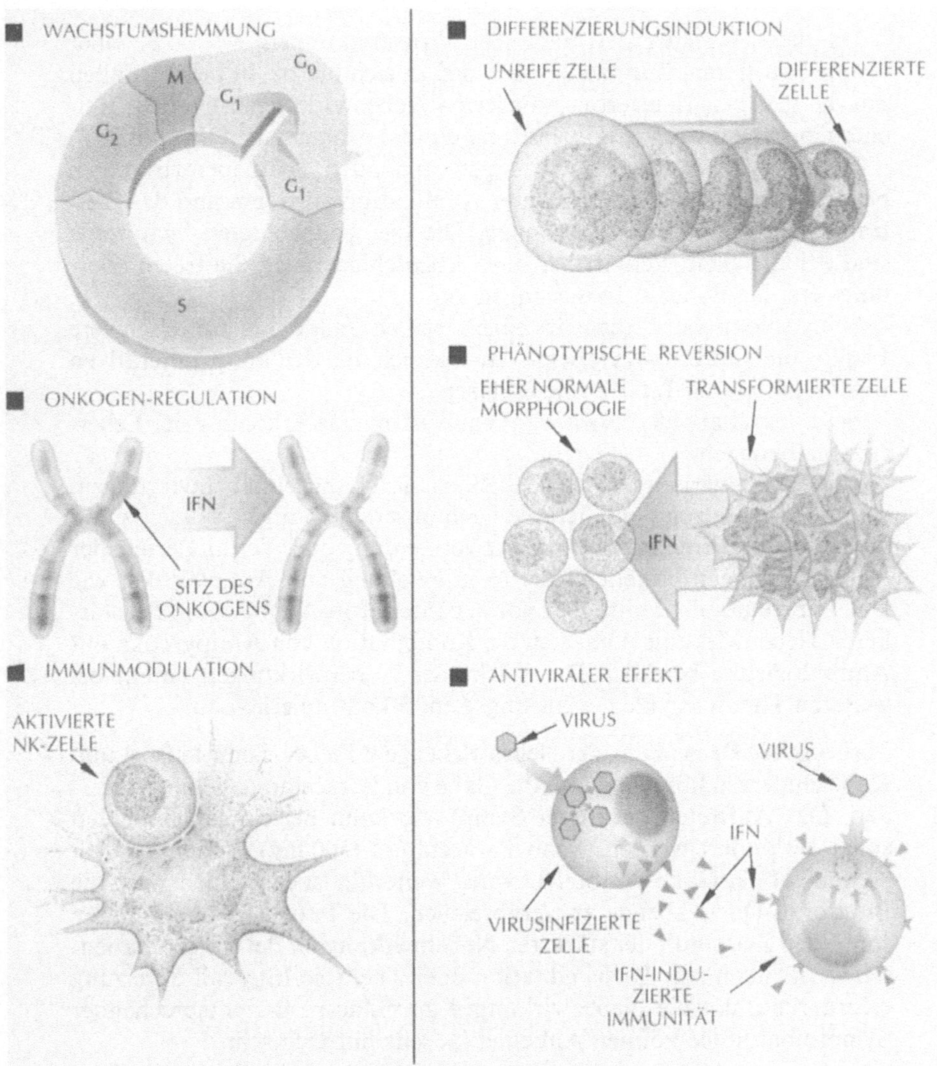

Abb. 9. Die Wirkung von Interferon Alfa*

---

* Intron A Injektion: Ergebnisse aus Phase II/III-Studien, Essex Pharma, München 1989.

Da diese Beschwerden auch bei Virusinfektionen, wie z. B. einer Grippe, auftreten, ist anzunehmen, daß es sich hierbei in beiden Fällen um die gleichen Interferon-induzierten Nebenwirkungen handelt, welches einmal endogen produziert und einmal exogen zugeführt wird.

Neben den Sofortnebenwirkungen sind auch Spätnebenwirkungen bekannt, welche erst nach längerer Applikation auftreten und das Zentralnervensystem betreffen können. Die hier beobachteten Symptome sind Schläfrigkeit, Verwirrtheit und Abgeschlagenheit. Sie treten allerdings erst bei höheren Dosierungen auf.

Hämatologische Nebenwirkungen stellen milde bis mittelschwere Leuko- und Thrombozytopenie dar, die sich aus den antiproliferativen Eigenschaften der Interferone erklären.

Bei Langzeitapplikationen wurde außerdem eine Erhöhung der Leberenzyme beobachtet.

Alle Nebenwirkungen, einschließlich der Langzeitnebenwirkungen, sind nach Absetzen der Therapie nach unserem heutigen Wissensstand voll reversibel. Eine Prophylaxe zur Vermeidung oder Verminderung der Nebenwirkungen besteht in der Verabreichung von Antipyretika, wie z. B. Paracetamol, unmittelbar vor der Interferon-Applikation. Bei stärkeren Nebenwirkungen hat sich die Kombination von Antipyretika mit Antiphlogistika bewährt. Die Stärke der Nebenwirkungen nimmt bei weiteren Therapiezyklen erfahrungsgemäß kontinuierlich ab.

Vorbeugende Behandlung der Nebenwirkungen: Fieber, Schüttelfrost und Kopfschmerzen können durch die Gabe von Paracetamol gelindert werden. Das Auftreten derartiger Symptome kann bei einigen Patienten sogar verhindert werden, wenn Paracetamol (500 mg) vorbeugend ca. 30 min vor der Gabe verabreicht wird. Weiterhin ist empfehlenswert, die Interferon-Dosis abends zu verabreichen. Die Patienten überschlafen somit den Zeitpunkt der stärksten Nebenwirkungen. Bei einigen Patienten ist dennoch eine Dosisreduktion oder Therapie-Intervall-Spreizung erforderlich, um die Nebenwirkungen zu mildern. Bei entsprechender Symptomatologie können Antiemetika sehr hilfreich sein.

2.6.3 Synergismus mit Zytostatika

Im Vergleich zu den bisher bekannten Zytostatika besitzen Interferone sehr unterschiedliche zellbiologische Wirkungsweisen. Es wurden daher in-vitro, aber auch klinische Studien durchgeführt, die eine mögliche Modulation bzw. einen Synergismus mit Zytostatika klären sollten. Bei hoher Dosierung der Einzelsubstanzen ergaben sich Hinweise für einen

Synergismus bei Kombination von Interferon Alfa-2b mit Vinblastin bzw. mit Methotrexat bzw. Bleomycin (jeweils einstündige Exposition) als auch mit Mitoxantron (einstündige sequentielle Exposition).

Die Gründe für die beobachteten Synergismen sind noch ungeklärt. Da Interferon aber den Zellzyklus verlängert, könnten die Zellen für zyklus- oder phasenspezifische Medikamente sensibilisiert werden.

Interferon kann auf medikamentenmetabolisierende Enzyme wirken, die für den Abbau und die Ausscheidung chemotherapeutischer Substanzen verantwortlich sind.

2.6.4 Interferon Alfa, Beta, Gamma als Monotherapie

Die Ansprechrate (CR + PR) bewegt sich für alle Alfa-Interferone zwischen 15 und 18% (Tabelle 10). Für die natürlichen Interferone scheint kein Vorteil in der Responserate gegenüber den rekombinanten Alfa-Interferonen zu bestehen. Die größte Erfahrung besteht mit rekombinanten Alfa-Interferonen, wobei hier der Anteil an kompletten Remissionen mit 2% zu verzeichnen war. Das Gesamtkollektiv der mit einer Monotherapie mit Alfa-Interferon behandelten Patienten mit knapp 1200 Patienten läßt trotz der in den zahlreichen Studien sicherlich recht unterschiedlichen Auswahlkriterien eine sichere Trendaussage für den Behandlungserfolg mit durchschnittlich 16% zu. Geringe Erfahrungen liegen auch mit Beta-Interferonen vor (45 Patienten). In diesem kleinen

Tabelle 10. Ergebnisse mit natürlichem und rekombinantem Interferon Alfa bei metastasiertem Nierenzell-Karzinom

Substanz	Patienten-zahl	Objective Response CR + PR*	Gesamt %
Leukozyten-Interferon	141	6 + 20	18
Lymphoblastoid-Interferon	398	4 + 57	15
Rekombinant-Interferon Alfa	656	12 + 90	16
Gesamt	1195	22 + 167	16%

* CR = complete remission; PR = partial remission Stand: Januar 1991
(J. S. Horoszewicz et al.; The Journal of Urology, Vol. 142, 1173–1178, 1989)
(Yosef et al.; ECCO 4, 1989, London Poster, No. P0962)
(Temperley et al.; J. of Cancer Research and Clinical Oncology, 116 Suppl., Nr. A3, 106.20)

Tabelle 11. Ergebnisse mit Interferon Beta beim metastasierten Nierenzellkarzinom

Autor	Dosis	Patientenzahl	Objective Response CR+PR	
Kish et al.	3 → 30 MU	16	0 + 1	
Rinehart et al.	0,01 – 150 MU/m²	15	0 + 2	
Todd et al.	90 – 720 MU	14	0 + 0	
Gesamt		45	0 + 3	6%

Mit rekombinantem und natürlichem Interferon beta wurde eine objektive Ansprechrate von 6% erreicht.
(J. S. Horoszewicz et al.; J. of Urology, Vol. 142, 1173–1178, 1989)
(Todd et al.; Proceedings of AACR, No. 1034, 1989)

Tabelle 12. Ergebnisse mit Interferon Gamma beim metastasierten Nierenzellkarzinom

Autor	Dosis	Patientenzahl	Objective Response CR+PR	
Quesada et al.	0,01–0,025 mg/m²	22	0 + 1	
Swanson et al.	0,25–1,0 mg/m²	21	0 + 0	
Kusmits et al.	0,5 mg/m²	3	0 + 0	
Rinehart et al.	0,01–75 MU/m²	13	0 + 0	
R. Gamma (S-6810)	40 MU/m²	30	1 + 5	
Research Group	8–12 MU/m²	32	0 + 2	
U. Bruntsch et al.	100 µg/m²	40	0 + 1	
Aulitzky W. et al.	10–500 µg	20	2 + 4	
Gesamt		181	3 + 13	9%

(J. S. Horoszewicz et al.; J. of Urology, Vol. 142, 1173, 1989)
(U. Bruntsch et al.; J. of Biol. Resp. Mod. 9, 335–338, 1990)
(W. Aulitzky; J. of Urol., Vol. 141, No. 2, 1989)

Kollektiv ergab sich keine komplette Remission und lediglich 3 partielle Remissionen (6%) (Tabelle 11).

Mit Interferon Gamma wurde bei insgesamt 181 Patienten eine Remissionsrate von 9% erreicht. Die Ergebnisse der EORTC (U. Bruntsch) bei 40 Patienten konnten frühere optimistischere Daten nicht bestätigen. Allerdings ist nicht klar, ob die Präparation der Gamma-Interferone eine Rolle spielt (Tabelle 12).

2.6.5 Interleukin-2

Interleukin-2 als Monotherapie des metastasierten Nierenzellkarzinoms wurde in 8 wesentlichen klinischen Studienprojekten untersucht (Tabelle 13). Bei einer Gesamtpatientenzahl von 444 ergab sich hierbei eine Ansprechrate (CR + PR) zwischen 0 und 25%. Insgesamt gesehen, lag in diesen verschiedenen Kollektiven die Ansprechrate bei 14%.

In der Tabelle 14 sind die Nebenwirkungen bei 169 Patienten aus 4 Studien aufgeführt. Bei einer Auswertung von 26 Studien ermittelte Bradley den Zusammenhang zwischen der applizierten Interleukin-2-Dosis und den resultierenden Ansprechraten. Zwischen einer Dosis von etwa 5–30 IU/m^2 pro Woche beseht ein nahezu linearer Zusammenhang zum Response von 0% bis etwa 20%. Darüber hinaus gehende Dosierungen führten zu keinem signifikanten Anstieg der Ansprechraten und sind vor allem im Hinblick auf die enormen Nebenwirkungen nicht zu rechtfertigen (Tabelle 14).

Atzpodien und Kirchner konnten mit der subkutanen Gabe von IL-2 diese Nebenwirkungen erheblich reduzieren (Lancet 335, 1990: 1509–1512).

Tabelle 13. Interleukin-2-Monotherapie bei metastasiertem Nierenzellkarzinom

Autor	Jahr	Patienten-zahl	Objective Response CR+PR	Gesamt %
Linehan u. Rosenberg	1989	65	3 + 7	15
Stoter et al.	1989	35	2 + 4	17
Abrams et al.	1989	15	0	0
Aso et al.	1989	60	3 + 6	15
Negrier et al.	1990	32	2 + 4	19
Geersten et al.	1990	16	2 + 2	25
Louie et al.	1990	206	6 + 19	12
Whitehead et al.	1990	15	0	0
Gesamt		444	18 + 42	14

(Linehan u. Rosenberg; Symposium „Immunobiology of Renal Cell Cancer“ Cleveland, Nov. 1989)
(Stoter)
(Abrams et al.; Proceedings of AACR, Vol. 30, March 1990, No. 1507)
(Aso et al.; Buch „Therapeutic Progress in Urol. Cancer“, S. 681, 1989)
(Negrier et al.; Europ. J. of Cancer, Vol. 25, Suppl. 3, 1989, S. 21–28)
(Geersten et al.; J. of Urology, No. 4, Vol. 143, S. 319 A)
(Louie et al. (Cetus Corp); Symposium in Mount Sinai School of Medicine, 8. Nov. 1990)
(Whitehead et al.; Cancer Research 50, 6708–6715, 1990)

Tabelle 14. Nebenwirkungen von IL-2. Beobachtet bei 169 Patienten in vier Studien

Beobachtungen	Relative Häufigkeit (%)
Fieber/Schüttelfrost	99,4
Hypotonie	97,0
Leukozytose	88,8
Diarrhoe	85,8
Anämie	84,6
Bilirubin-Erhöhung	84,0
Bewußtseinsstörung	80,5
Schwindel/Übelkeit/Erbrechen	78,1
Oligurie	69,8
Transaminasen-Anstieg	68,6
Dyspnoe	61,5
Thrombozytopenie	58,0
Tachykardie	58,0
Exanthem/exfoliative Dermatitis	58,0

(Bradley; Symposium: „Immunology of Renal Cell Cancer", Cleveland/Ohio, Nov. 1989)

Vergleicht man die verschiedenen Interferon-Arten sowie Interleukin-2 als Monotherapie, so ergibt sich eine sichere therapeutische Wirksamkeit für beide Substanzgruppen. Es bleibt zu bemerken, daß die Anzahl der Responder bei rekombinanten Alfa-Interferonen mit 16% (102 von 656 Personen) eindeutiger belegt ist als von Interleukin-2 mit 14% (60 von 444 Patienten). Auch liegt der Anteil der kompletten Responder bei rekombinanten Alfa-Interferonen mit 2% ähnlich wie bei Interleukin-2 mit 4% (Abb. 10).

In Abb. 11 sind die Ergebnisse mit Zytokinen als Monotherapie versus Kombinationstherapie im Vergleich dargestellt. Die besten Ergebnisse wurden bisher in der Kombination mit Interferon Alfa erzielt.

2.6.6 Interferon Alfa in der Kombinationstherapie

Nach dem Beweis der Wirksamkeit von rekombinantem Alfa-Interferon und Interleukin-2 wurden verschiedene Kombinationstherapiestudien mit den beiden Substanzen durchgeführt (Tabelle 15). Die Auswertung von 8 verschiedenen Studienprojekten zwischen 1989 und 1990 bei einer Patientenzahl von 222 ergab eine objektive Remissionsrate von durchschnittlich 33% (19–50%). Auffallend war hierbei der relativ hohe Anteil der Komplettremissionen mit 10% (22 von 222 Patienten). Diese Ergebnisse sollten nunmehr in Phase III-Studien überprüft werden.

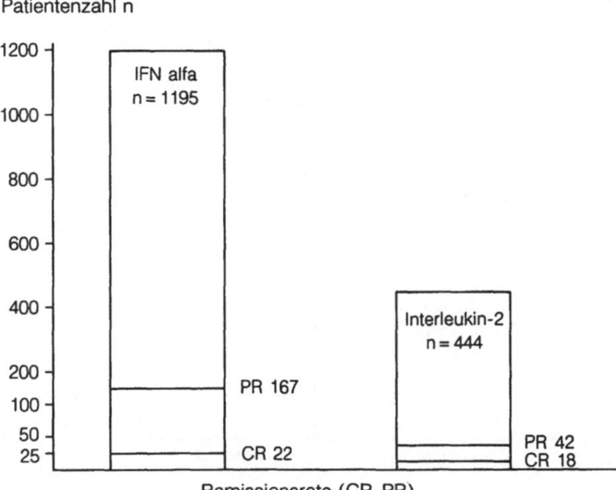

Abb. 10. Interferon Alfa und Interleukin-2 Monotherapie beim metastasierten-Nierenzell-Karzinom (Gesamtübersicht aus der Literatur und aus laufenden Studien)

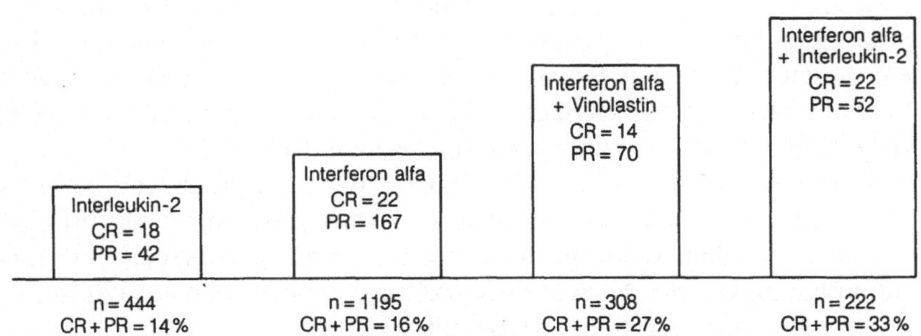

Abb. 11. Monotherapie versus Kombinationstherapie beim metastasierten Nierenzellkarzinom (Gesamtübersicht aus der Literatur und aus laufenden Studien)

Die Ergebnisse mit IFN Alfa sind mit denen von Interleukin-2 vergleichbar, jedoch zeigt IFN Alfa eine geringere Toxizität (Abb. 12).

Durch die Kombination von Chemotherapie und Immuntherapie wurde versucht, die Ansprechrate zu steigern. Da Vinblastin unter den Zytostatika die größte Wirksamkeit beim Nierenzellkarzinom zeigte und in-vitro ein Synergismus zwischen Vinblastin und Interferon Alfa nachgewiesen werden konnte, wurde diese Kombination einer klinischen

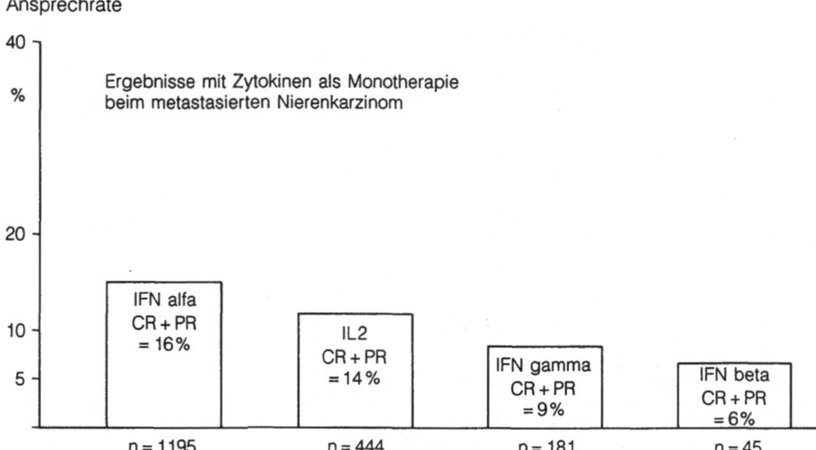

Abb. 12.

Prüfung unterzogen. Die objektive Response-Rate beträgt 16% bei Interferon Alfa-Monotherapie (s. Abb. 11) und konnte auf 27% in der Kombination mit Vinblastin gesteigert werden (Tabelle 16). Eine relevante Zunahme der Toxizität bei zusätzlicher Vinblastin-Applikation war mit einer Dosierung von 0,1 mg/kg Körpergewicht in vierwöchigem Abstand nicht zu verzeichnen. Alle Patienten unter Interferon Alfa/ Velbe zeigten Fieber und grippeähnliche Symptome.

Neben der Kombination mit Vinblastin wurden auch andere Hormone und Zytostatika in verschiedenen Therapieregimen geprüft (Tabelle 17). Vor dem Hintergrund der verschiedenen Aussagen zur Hormonabhängigkeit des Nierenzell-Karzinoms ergaben sich aus klinischen Untersuchungen folgende Ansatzpunkte:

Eine Kombination von Interferon Alfa-2b* und dem Antiandrogen Flutamid führte in einem Kollektiv von 44 Patienten bei 12 Patienten zu einem Ansprechen des Tumors (27%). Aus den Untersuchungen von Logothetis mit Alfa-Interferon, 5-FU und Mitomycin C lassen sich ebenso ermutigende Ansätze für Kombinationstherapien ablesen (15 von 40 Patienten objektiver Response). Die geringe Fallzahl dieser Studien bei einem selektionierten Patientenkollektiv erlaubt jedoch keine Interpretation im Sinne einer therapeutischen Überlegenheit dieser Regime. Vor dem Beginn größerer klinischer Studien sollten In-vitro- und In-vivo-(nude-mouse-Modell)-Untersuchungen erfolgen, um die Rationale derartiger Kombinationstherapien zu belegen.

* Intron A®/Essex Pharma GmbH, München.

Tabelle 15. Kombinationstherapie mit Interferon Alfa und Interleukin-2 bei metastasiertem Nierenzellkarzinom

Autor	Jahr	Patientenzahl	Objective Response CR+PR	Gesamt %
Linehan et al.	1989	76	12 +20	33
Stoter et al.	1989	10	3 + 0	30
Parkinson et al.	1989	40	0 + 9	23
Atzpodien et al.	1990	32	4 + 6	31
Lipton et al.	1990	12	3 + 3	50
Bergmann et al.	1990	10	0 + 4	40
Bartsch et al.	1990	20	0 + 3	19
Figlin et al.	1990	22	0 + 7	32
Gesamt		222	22 +52	33

(Linehan/Stoter/Parkinson; Symposium Immunobiology of Renal Cell Cancer, Cleveland, Nov. 1989)
(Atzpodien; Symposium International Cancer Update Cannes, 1.–4. Nov. 1990)
(Lipton; UICC Hamburg 1990, Nr. 10.02.06)
(Bergmann; UICC Hamburg 1990, Nr. A3, 112:70)
(Bartsch; ASCO, Vol. 9, Nr. 556)
(Figlin; ASCO, Vol. 9, Nr. 553)

Tabelle 16. Interferon Alfa plus Vinblastin beim fortgeschrittenen Nierenzellkarzinom

Autor	Jahr	Immunchemotherapie	n	CR+PR	%
Figlin et al.	1985	HnIFN(Le)+VBL	23	0 + 3	13
Bergerat et al.	1987	rIFN-alpha 2a+VBL	30	1 +12	43
Brunetti et al.	1987	rIFN-alpha 2a+VBL	18	0 + 2	11
Cetto et al.	1987	rIFN-alpha 2b+VBL	25	1 + 8	36
Fossa et al.	1988	rIFN-alpha 2a+VBL	91	1 +19	22
Kellokumpu-Lektinen et al.	1990	rIFN-alpha 2a+VBL	20	3 + 3	30
Pellegrini et al.	1990	rIFN-alpha 2a+VBL	30	1 + 4	17
P. Dal Rai et al.	1990	rIFN-alpha 2a+VBL	32	5 + 8	40
Labianca et al.	1990	rIFN-alpha 2b+VBL	13	2 + 2	31
Labianca et al.	1990	rIFN-alpha 2b+VBL	26	0 + 9	36
Gesamt			308	14 +70	27

(Hofstetter; Zytokine in der urol. Onkologie, Zuckschwerdt-Verlag 1990)
(Labianca; UICC A3, 106.16, 1990)
(Dal Rai; UICC B4, 208.03, 1990)
(Pellegrini; UICC B4, 208.08, 1990)
(Kellekumpu-Lektinen; J. of. Biol. Resp. Mod., Vol. 9, No. 4, 1990)

Tabelle 17. Interferon Alfa in Kombination mit Hormonen und Zytostatika beim metastasierten Nierenzellkarzinom

Kombination	Autor	Patientenzahl	Objective Response CR+PR	Gesamt %
Interferon Alfa 2b +Flutamid	Hartlapp Schuth	44	1 + 11	27
Interferon Alfa 2b +Medroxyprogesteron	Giacomi N. et al.	23	0 + 6	21
Interferon Alfa 2b +Lonidamin	Neri B. et al.	20	0 + 4	20
Interferon Alfa 2a +5 Fluorouracil +Mitomycin C	Logothetis Chr. et al.	40	0 + 15	38
Interferon Alfa 2a +Aspirin	Creagan T. et al.	29	2 + 8	34
Interferon Alfa 2a +Prednison	Fossa S. et al.	23	1 + 4	22

(Hartlapp & Schuth; J. of Urology 1991 – in press) Stand: Januar 1991
(Giacomi; J. of Cancer Research and Clin. Oncology, 116, Nr. A3, 106.19, 1990)
(Neri et al.; J. of Cancer Research and Clin. Oncology, Nr. B4, 208.05, 1990)
(Logothetis et al.; The Role of Biologics in Cancer and Aids, UICC Hamburg, 1990)
(Creagan et al.; Cancer 61, 1787–1791, 1988)
(Fossa et al.; Cancer Vol. 65, 2451–2454, 1990)

Aus den Ergebnissen sämtlicher Alfa-Interferon-Therapien lassen sich zum jetzigen Zeitpunkt folgende Prognosen formulieren: Ein männlicher Patient, der tumornephrektomiert wurde, lediglich Lungenmetastasen zeigt und zuvor noch keine anderweitige medikamentöse Therapie erhielt, kann statistisch gemäß den bisher vorliegenden Studien mit einer Ansprechrate von 15–40% rechnen (Tabelle 18).

Die Analyse von Muss zeigt (Tabelle 19), daß mit einer mittleren Dosis Interferon Alfa die besten Ergebnisse zu erreichen sind (20%). Wenn man die Dosis erhöht, sind die Remissionsraten niedriger (20% versus 15%). Die optimale Dosierung von IFN Alfa liegt heute zwischen $5-10 \times 10^6$ U/m^2.

Bei solchen Patienten sollte eine Alfa-Interferon-Therapie erwogen werden.

Von 516 Patienten hatten 66% Lungenmetastasen (Tabelle 19). Insgesamt sprachen 88 Patienten auf die Interferon-Therapie an; davon hatten 73 Patienten nur Lungenmetastasen. 83% der Responder rekrutierten sich somit aus der Gruppe der Lungenmetastasenpatienten (Tabelle 19).

Tabelle 18. Prognosefaktoren für das Ansprechen einer Interferon Alfa-Therapie beim metastasierten Nierenzellkarzinom

Prognosefaktoren	
günstig	*ungünstig*
Ansprechrate 15–40%	Ansprechrate 0–15%
männliches Geschlecht	weibliches Geschlecht
Performance Status >90%	Performance Status <60%
Nephrektomie	großer inoperabler Tumor
Lungenmetastasen	Lokalrezidive
Mediastinal-Tumor	Knochenmtastasen
	Leber-/Hirnmetastasen
keine medikamentöse Vorbehandlung	vorherige Chemotherapie

(J. R. Quesada; Urology, Vol. 34, Nr. 4, 1989)

Tabelle 19. Interferon Alfa – Ansprechen bei Lungenmetastasen

Autor	Alle Patienten			Ansprechen		
	Lungen- metastasen*	/ Gesamt**	%	Lungen- metastasen	/ Gesamt	%
Quesada	19	/ 50	38	9	/ 13	69
de Kernion	35	/ 43	81	6	/ 7	–
Neidhart	23	/ 33	70	4	/ 5	–
Edsmyr	11	/ 11	100	3	/ 3	–
Quesada	23	/ 56	41	12	/ 12	100
Umeda	163	/ 226	72	34	/ 40	85
Muss	64	/ 97	66	5	/ 8	–
Gesamt	338	/ 516	66	73	/ 88	83

* Patienten nur mit Lungenmetastasen
** Gesamtpatientenzahl
(H. B. Muss; Seminars in Oncology, Vol. 14, No. 2, 1987, S. 36–42)

2.6.7 Neue Zytostatika

Aus der Vielzahl neuer Zytostatika ließ sich bisher keine therapeutische Überlegenheit ableiten (Tabelle 20), entweder aufgrund der niedrigen Responseraten oder aufgrund der zu geringen Fallzahl.

Tabelle 20. Neue Zytostatika beim metastasierten Nierenzellkarzinom

Substanz	Patientenzahl	CR + PR (%)
Ifosfamid + Mesna	27	7
PCNU	79	1
Amsacrine	140	1
Anthracycline	137	2
Fludarabin	30	0
Floxuridine by Infusion	18	33 (geringe Fallzahl!)
Lonidamin	25	8
Antracenediones	246	3
– Mitoxantrone	137	1
– Bisantrene	109	6
Spirogermanium	62	0
TGU	30	0
Teniposid	95	4

(nach Yagoda; aus „Systemic Therapies for Genitourinary Cancer" 1989, S. 116)

Tabelle 21. Hormontherapie bei metastasiertem Nierenzellkarzinom

Substanz	Dosis	Patienten-zahl	Ansprechrate CR + PR	%
Tamoxifen	20 mg	103	5	4,8
Tamoxifen	30 mg	12	0	0
Tamoxifen	40 mg	23	0	0
Tamoxifen	80 mg	15	2	13 (geringe Fallzahl!)
Total		145	7	5
Medroxiprogesteron	verschiedene	477	43	9
Antiandrogene	verschiedene	162	10	6
Androgene	verschiedene	115	9	8

(Crawford; aus „Current Genitourinary Cancer Surgery" 1990, S. 470)
(Yagoda; aus „Systemic Therapy for Genitourinary Cancers" 1989, S. 112)

2.6.8 Hormone

Unter den Hormontherapien als Monotherapie des metastasierten Nierenzellkarzinoms ist Tamoxifen bisher am besten untersucht (153 Patienten). In verschiedenen Dosierungsstufen ließ sich dabei jedoch keine höhere Responserate als 5% erzielen (Tabelle 21). Auch andere Mono-Hormontherapieformen konnten diese Resultate nicht relevant verbessern (s. Tabelle 21). Therapiebegleitende Hormonrezeptoranalysen zur Bestimmung von Tumorcharakteristika der Responder wurden bei den hier genannten klinischen Studien nicht konsequent durchgeführt. Diese Problematik in der Rezeptoranalytik wird daher nochmals separat in Kap. 3 erörtert.

2.6.9 Zusammenfassung und zukünftige Strategien

Interferone und Interleukine eröffnen neue Wege in der Therapie des metastasierten Nierenzellkarzinoms.

1. Die besten Ergebnisse wurden bisher mit Interferon Alfa erreicht: Bei 1195 Patienten 16% CR+PR. Die Nebenwirkungen sind tolerabel. Die Interferon Alfa-Therapie kann heute als Standardtherapie betrachtet werden.
2. Die Ergebnisse mit Interferon Beta und Gamma liegen zwischen 6–9%.
3. Die Ergebnisse mit Interleukin-2 bei 444 Patienten betragen 14% CR+PR. Allerdings sind die Nebenwirkungen erheblich höher als bei den Interferonen.
4. Mit der Kombination Interferon Alfa+IL-2 konnten die Remissionsraten bei 222 Patienten auf 33% erhöht werden. Diese Ergebnisse werden derzeit in Phase III-Studien überprüft.
5. Die Kombination Interferon Alfa+Vinblastin erreicht eine Remissionsrate von 27% bei 308 Patienten. Durch die Gabe von Vinblastin wurde die Toxizität nicht erhöht.
6. Vorläufige Ergebnisse zeigen, daß die Kombination Interferon Alfa mit 5-Fluorouracil bei einem Drittel der Patienten Remission induzieren kann. Es besteht offensichtlich ein Synergismus zwischen beiden Substanzen.
7. Interferon Alfa als adjuvante Therapie in frühen Stadien (I–III): derzeit laufen mehrere Studien zur Beantwortung dieser Frage, endgültige Resultate liegen bisher noch nicht vor.
8. Die neueren Zytostatika und die Hormontherapie spielen beim metastasierten Nieren-Ca heute keine Rolle.
9. Die Ergebnisse mit TIL, LAK und Vakzinen haben lediglich bisher einen experimentellen Ansatz.
10. Es besteht die Notwendigkeit der prätherapeutischen Identifikation von Patienten-Subgruppen, die von einer „Biological Response Modifiers“-Therapie profitieren. Die prädiktive In-vitro-Therapeutikaaustestung ist möglicherweise ein Weg zur Lösung dieser Problematik (s. Kap. 8).

Kapitel 3

Biochemische und immunhistochemische Untersuchungen über das Vorkommen von Estradiol- und Progesteron-Rezeptoren im Nierenzellkarzinom

3.1 Einleitung

Bereits 1949 beobachteten Kirkman und Bacon [111], daß durch Langzeitgabe von Diäthylstilböstrol bei Syrischen Hamstern Nierentumoren induziert werden konnten. Diese Nierentumoren waren histologisch dem Klarzell-Typ zuzuordnen. Daraus erwuchs die Hypothese, daß auch beim Menschen Nierentumoren möglicherweise eine Hormonabhängigkeit hätten.

1973 berichtete Bloom in einer klinischen Arbeit über die 15%ige Ansprechrate des metastasierten Nierenzellkarzinoms auf die Gabe von Antiöstrogenen [16].

Dies verursachte eine Euphorie in der klinischen Anwendung von Antiöstrogenen (z. B. Tamoxifen beim metastasierten NZK). Auch heute noch werden Patienten bei dieser Indikation mit Tamoxifen oder Gestagenen in vielen Kliniken weltweit therapiert. Hauptargumente für diese Therapieform sind: Gute Verträglichkeit bei fehlender Toxizität, ganz im Gegensatz zur Chemo-, Strahlen- oder Interferontherapie.

Die seinerzeit von Bloom berichteten relativ guten Therapieergebnisse konnten aber in anderen großen klinischen Studien nicht bestätigt werden, wie von de Kernion in einer Übersichtsarbeit zusammengestellt (s. Tabelle 22 [109]).

Tabelle 22. Klinische Ergebnisse verschiedener Hormontherapien beim metastasierenden Nierenzellkarzinom (NZK). (Nach de Kernion 1986 [109])

Endokrine Therapie	Zahl der Patienten	Remission	
		Komplett	Partiell
Medroxyprogesteronazetat	116	7 (6%)	4 (3%)
Androgene	48	0	0
Tamoxifen	106	0	2
Estramustin-Phosphat	16	0	0

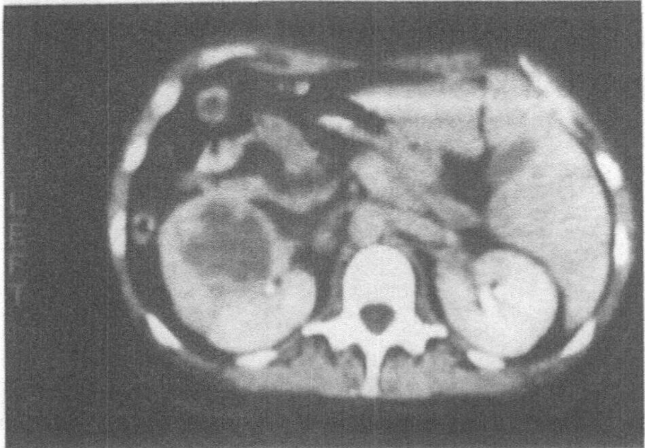

Abb. 13. CT-Abdomen einer 45jährigen Patientin mit einem Nierentumor links sowie paraaortalen Lymphomen, April 1984

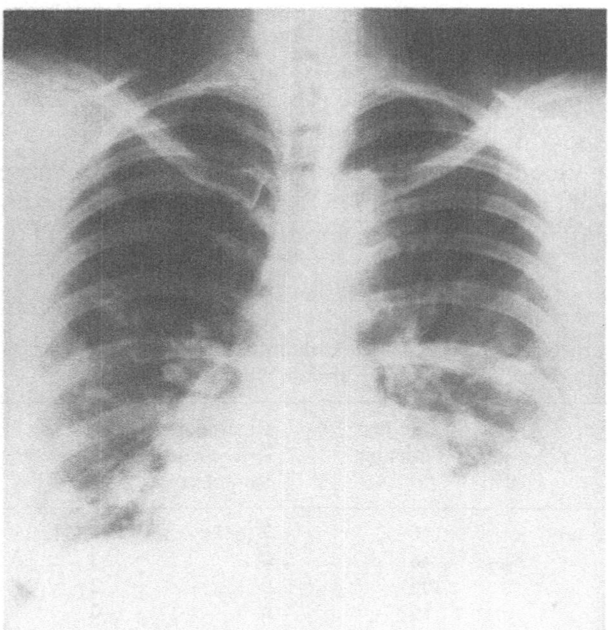

Abb. 14. Röntgen-Thorax-Aufnahme a. p. derselben Patientin wie in Abb. 13, zum gleichen Zeitpunkt: Multiple intra-pulmonale Metastasierung

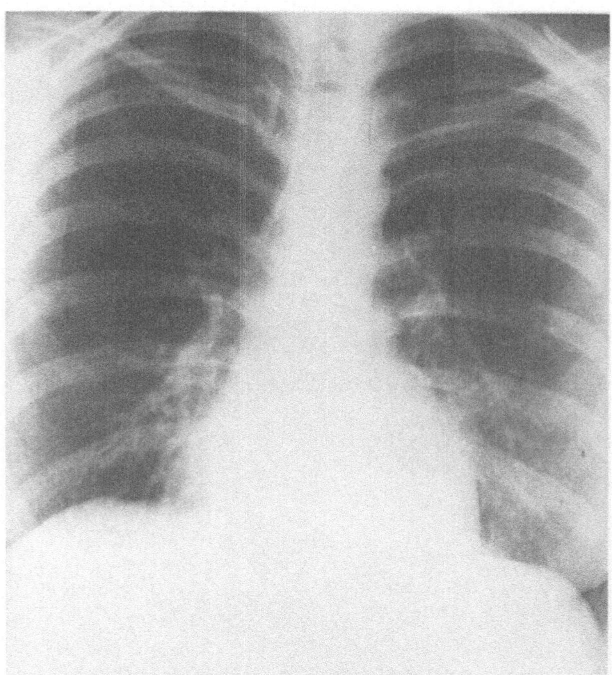

Abb. 15. Röntgen-Thorax-Aufnahme a. p. derselben Patientin wie in Abb. 14, 3 Monate nach oraler Behandlung mit Tamoxifen: Vollständige Remission der Lungenmetastasen

Zur Verdeutlichung der klinischen Relevanz dieser Diskussion wird kurz über die Kasuistik einer 45jährigen, praemenopausalen Patientin mit metastasiertem NZK berichtet: Die Patientin zeigte unter einer Antiöstrogen-Behandlung eine eindrucksvolle Tumorregression. Abbildung 13 gibt den CT-Befund des Retroperitonealraumes vom April 1984 wieder: Es findet sich ein 6 × 6 cm messender Nierentumor mit linksseitigen para-aortalen Lymphknotenmetastasen. Abbildung 14 ist die Darstellung der damaligen Röntgen-Thorax-Aufnahme mit multiplen intrapulmonalen Rundherden, allerdings war die „intra-pulmonale Metastasierung“ eine rein radiologische Diagnose, die weder zytologisch noch histologisch verifiziert wurde. Die Patientin erhielt eine Behandlung mit Tamoxifen (oral 150 mg/die). Im weiteren Verlauf kam es zu einer vollständigen Rückbildung der Lungenmetastasierung; Abb. 15 zeigt die Röntgen-Thorax-Aufnahme vom Juni 1984. Lediglich im Thorax-CT fanden sich zu diesem Zeitpunkt noch Narben als möglicher Residualbefund der zuvor radiologisch festgestellten Lungenmetastasen. Ende Juli 1984 erfolgte dann in der Urologischen Klinik der MHH die radikale

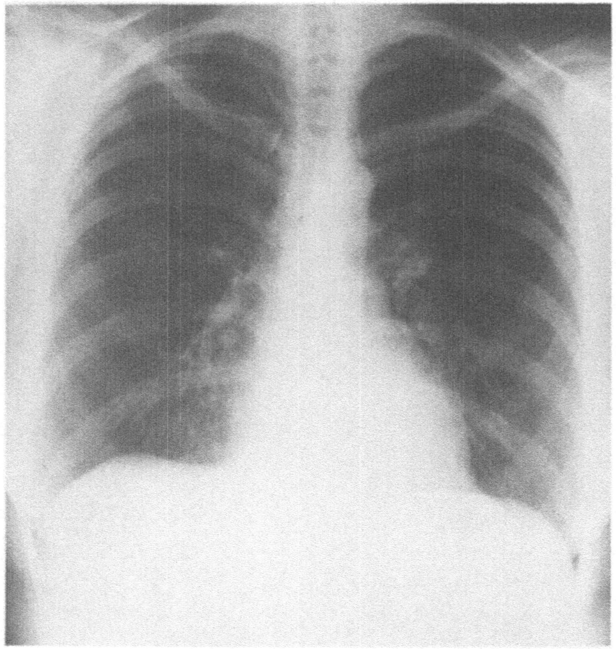

Abb. 16. Aktueller Röntgen-Thorax-Befund (2/1990) der benannten Patientin: kein Hinweis für Rezidivbildung in der Lunge

transperitoneale Tumornephrektomie links mit partieller Lymphadenektomie.

Die Histologie beschrieb ein granulär-papilläres Nierenzellkarzinom (mittel- bis entdifferenziert), weitgehend regressiv verändert, mit Nekrosen und Vernarbungen, Einbruch ins Nierenbecken; die Lymphknoten und die Nebenniere waren frei von aktivem Tumorgewebe. Postoperativ wurde die Tamoxifen-Therapie für ein Jahr fortgesetzt und von der Patientin ohne Nebenwirkungen toleriert. Der weitere Verlauf war äußerst günstig, anläßlich einer Kontrolluntersuchung im Februar 1990 war die Patientin ohne Rezidivzeichen; Abb. 16 zeigt den Röntgen-Thorax-Befund vom Februar 1990.

Diese Kasuistik zeigt die Problematik der Erfolgsbeurteilung ohne histologisch gesicherten Lungenbefund. In der Literatur wird die Häufigkeit von kompletten Spontanremissionen nach Tumornephrektomie mit 0,5–4% genannt [16, 153, 181]. Die spontane Remission von Lungenmetastasen nach Tumornephrektomie wurde erstmals 1928 von Bumpas berichtet [23]. 1957 wurde zum ersten Mal über die Spontanremission einer histologisch nachgewiesenen NZK-Metastase berichtet

[75]. In einer aktuellen Literaturübersichtsarbeit über das Phänomen der Spontanremission von NZK-Metastasen wird von Ritchie u. Mitarb. darauf hingewiesen, daß die Metastasen lediglich in 19 von 57 Fällen zuvor histologisch verifiziert worden waren [181]. Solche Verläufe eindrucksvoller Remissionen beim metastasierten NZK finden sich in jeder Institution, in der das NZK häufiger behandelt wird. Durch die Behandlung mit Antiöstrogenen kann jedoch ein Effekt nur dann erwartet werden, wenn – wie beim Mammakarzinom – Östrogen (Estradiol)- bzw. Progesteron-Rezeptoren beim NZK nachzuweisen sind. Dies erschien als eine entscheidende Frage, der experimentell nachgegangen werden sollte.

3.2 Material und Methode

Im Zeitraum von Januar bis Oktober 1987 wurden 42 Patienten mit Nierenzellkarzinomen in der Urologischen Klinik der MHH tumornephrektomiert. Aus einem repräsentativen Tumorareal (möglichst ohne Nekrosen und Einblutungen) wurde Gewebe entnommen, ein Teil gelangte zur histologischen Referenz-Untersuchung, der andere Teil (etwa 2–4 g) wurde sofort in flüssigem Stickstoff tiefgefroren. Unter Verwendung der Kryostat-Dünnschnitt-Technik wurden Präparate für die immunhistochemische Bestimmung der Proliferationsrate (s. Kap. 4, S. 64) sowie für die immunhistochemische Estradiol-Rezeptor-Färbung hergestellt. Etwa 450 mg der tiefgefrorenen Nierentumorgewebsproben wurden für die biochemische Steroid-Rezeptor-Analyse abgetrennt, die im Max-Planck-Institut für Experimentelle Endokrinologie (Hannover) durchgeführt wurde. Als Positivkontrolle (Referenzgewebe) diente in jeder Analysenserie Mammakarzinom-Gewebe, dessen Rezeptorpositivität bereits vorher biochemisch bestimmt und somit bekannt war.

3.2.1 Präparation der Gewebsextrakte (Zytosole)

Zum Homogenisieren des Gewebes wurden die tiefgefrorenen Proben zusammen mit einer Wolframkarbidkugel von 9 mm Durchmesser in ein vorgekühltes Teflongefäß von 7 ml Fassungsvermögen eingebracht. Das verschlossene Teflongefäß wurde für 2 Minuten in flüssigen Stickstoff getaucht und dann bei 50 Hz in einem Mikro-Dismembrator (Braun-Melsungen) heftig geschüttelt. Das entstandene Gewebspulver wurde in ein vorgekühltes Becherglas entleert und in 1 + 5 Volumina Extraktionsmedium durch mehrfaches Aufziehen mittels einer Einmal-Tuberkulinspritze suspendiert.

Das Extraktionsmedium bestand aus: 10 mM Natriumphosphat und 10 mM Titriplex III (eingest. auf pH 7,5), Zugabe von 10% Glycerin. 10 mM Monothioglycerin wurde unmittelbar vor Gebrauch hinzugegeben, anschließend wurde die Lösung steril filtriert. Das in Zentrifugenröhrchen genau abgewogene Homogenat wurde in einem SW 60 Rotor mit einer Ultrazentrifuge für 30 min bei 45000 UPM und 4 °C zentrifugiert. Der Überstand, das „Zytosol", wurde für die Rezeptor- und Proteinbestimmung, das Pellet für den Estradiol(E_2)-RIA sowie die DNA-Untersuchung verwendet.

3.2.2 Inkubation

Während der Ultrazentrifugation wurden die sogenannten „kalten" (= nicht radioaktiv-markierten) und radioaktiv-markierten Steroidlösungen vorbereitet. Die schematische Arbeitsvorschrift zur Herstellung der Steroidlösungen ist in Tabelle 23 dargestellt. Die Steroide (^{3}H-2,4,6,7-E_2; ^{3}H-ORG) wurden in einer alkoholischen Lösung in Glasröhren pipettiert, der Alkohol wurde über 10 min im Exsikkator mittels Wasserstrahlvakuum abgedampft. Dann wurden je 100 µl Zytosol zu den Steroiden pipettiert. Auf einem Schüttler erfolgte anschließend die Inkubation für 5 min bei Zimmertemperatur, dann für 2 Std. bei 0 °C (Eiswasserbad).

3.2.3 Kohlebehandlung

Nach der o. g. 2-Std.-Inkubation im Eiswasserbad wurden 10 µl Zytosol (als „direct counts") zur Überprüfung der Radioaktivität entnommen und mit 3,5 ml Szintillator versetzt. Um das überschüssige Steroid zu entfernen, wurden zu den inkubierten Proben 10 µl einer eisgekühlten Kohlesuspension (1 Tabl. Aktivkohle pro 5 ml Extraktionsmedium) pipettiert, kurz auf dem Vortex geschüttelt und in kühl gehaltene Eppendorf-Gefäße transferiert. Nach 10 min wurde die Kohlesuspension mittels einer Eppendorf-Zentrifuge für 5 min abzentrifugiert, 50 µl des Zy-

Tabelle 23. Arbeitsvorschriften zur Herstellung der Steroidlösungen

1. ^{3}*H-2,4,6,7* E_2 von Amersham (spez. Aktivität z. Zt. 101 Ci/mmol)	
Stammlösung:	100 µCi/ml Ethanol
Verdünnung:	1:11 mit Ethanol ($9{,}1 \times 10^{-8}$ M) 5 µl davon pro Glaspräparatenröhrchen ($4{,}5 \times 10^{-13}$ Mole/Röhrchen)
Kalte E_2-Stammlösung:	1 mM in Ethanol
Verdünnung:	1:50 mit Ethanol (20 µM), 5 µl davon nur für Kontrollbestimmung in das Glaspräparatenröhrchen zu dem *E_2 pipettieren: (10^{-10} Mole $E_2 + 4{,}5 \times 10^{-13}$ Mole *E_2/Röhrchen)
2. ^{3}*H-ORG 2058* von Amersham (spez. Aktivität z. Zt. 47 Ci/mmol)	
Stammlösung:	100 µCi/ml Ethanol
Verdünnung:	1:20 mit Ethanol ($1{,}06 \times 10^{-7}$ M) 5 µl davon pro Präparatenröhrchen ($5{,}3 \times 10^{-13}$ Mole/Röhrchen)
Kalte ORG-Stammlösung:	1,6 mM in Ethanol
Verdünnung:	1:80 mit Ethanol (20 µM) 5 µl davon nur für Kontrollbestimmung in das Präparatenröhrchen zu der *ORG pipettieren. (10^{-10} Mole ORG 2058 + $5{,}3 \times 10^{-13}$ Mole *ORG 2058/Röhrchen)

Die radioaktiven Steroid-Lösungen unmittelbar vor Gebrauch ansetzen, die Kontroll-Steroide können bei einer 20 µM-Konzentration bis zu 4 Wochen (bei 8 °C) verwendet werden. Alle Pipettierschritte werden mit 10 µl-Transferpettoren durchgeführt; für jede Lösung wird eine eigene Pipette verwendet, um Kontaminationen zu verhindern.

tosol-Überstandes wurden für die Elektrophorese benötigt sowie 2 × 5 µl für den „Single Point" bzw. um die Wiederfindung der Elektrophorese zu kontrollieren.

3.2.4 Agarelektrophorese (EP)

Das Prinzip der Agarelektrophorese bei niedriger Temperatur wurde ausführlich von Wagner beschrieben [232, 234]. In der EP werden die in leicht alkalischem Milieu negativ geladenen Proteine zwei entgegengesetzen Kräften ausgesetzt:

1. der Kraft des elektrischen Feldes, die zur Anode gerichtet ist;
2. der kathodischen Kraft der Elektroendosmose, die einen kräftigen Pufferstrom in Richtung Kathode erzeugt.

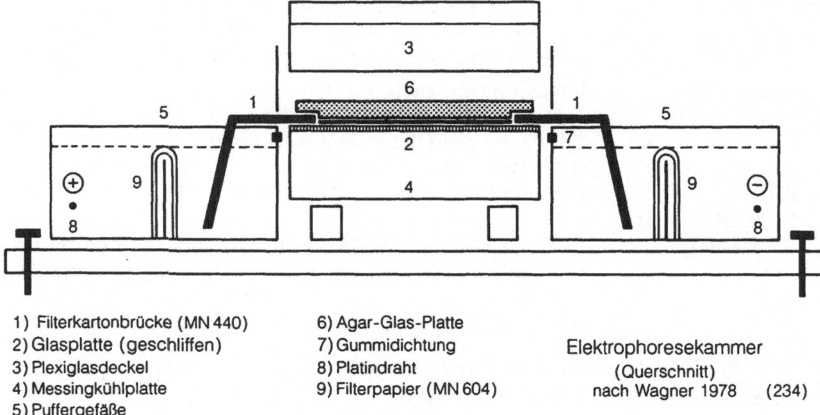

Abb. 17. Schematische Darstellung der Elektrophoresekammer

In Abhängigkeit von Ladung und Größe bewegen sich die Proteine entweder zur Anode oder Kathode. Zytoplasmatische Rezeptoren wandern in anodische Richtung. Das ungeladene freie Steroidhormon wird dagegen durch den elektroendosmotischen Pufferstrom zur Kathode getragen. Die Elektroendosmose liefert somit ein ausgezeichnetes Mittel, um Hormon-Rezeptor-Komplexe von freiem, überschüssigen Hormon abzutrennen. Wegen der schonenden Bedingungen und der kurzen Analysenzeit ist die Dissoziation der spezifischen Komplexe bei dieser Methode im allgemeinen gering [234].

Die Agar-Gel-Platten für die Elektrophorese wurden wie folgt hergestellt: 1,08 g Agar wurden unter konstantem Rühren in 67,5 ml Michaelispuffer und 67,5 ml Aqua bidest. auf einer Heizplatte mit Magnetrührer kurz aufgekocht. Die flüssige Agar-Lösung wurde in eine Gießform mit 4 vorbeschichteten Glasplatten gegossen, die vorher mit einer Wasserwaage in die Horizontale gebracht worden waren. Nach Erstarren des Agars (ca. 20 min Abkühlzeit) wurden die Platten mit einem Skalpell geschnitten und in einer Feuchtkammer aufbewahrt. Diese Agarplatten sind max. für 3 Tage haltbar. 50 µl Zytosol wurden in ausgestanzte Schlitze (2 × 4 mm) der Agar-Platten pipettiert. Die Elektrophorese erfolgte bei 4 °C. Die Agar-Platten wurden mit Hilfe eines Kühlkreislaufes auf +1 °C gekühlt (s. dazu Abb. 17). Die elektrophoretische Trennung erfolgte über 1 Std. bei 310 V (70 mA/Platte). Danach wurde das Gel der Länge nach in Streifen, die Längsschnitte wiederum wurden dann in 6 mm breite Stücke geschnitten. So wurden pro Probe 13 Gel-Fraktionen gewonnen, der Auftragsschlitz befand sich immer in der 7. Fraktion, die erste Fraktion lag auf der Anoden-Seite. Diese Agar-Gel-Fraktionen wurden dann in „Mini-vials" mit 3,5 ml Xylofluor extrahiert. Nach 30 min Schütteln erfolgte die Radioaktivitäts-Messung der Proben in einem Beta-Spektrometer. Für die Berechnung des Estradiol-Rezeptor(E_2-R)-Gehaltes wurde die 4. bis 7. Fraktion verwendet, für den Progesteron-Rezeptor(PR)-Gehalt die 4. bis 9. Fraktion. Die unspezifische Bindung (Kontrolle) wurde in der Berechnung abgezogen.

Berechnungsbeispiel:

$*E_2$ (radio-markiert) 1050 cpm 4.–7. Fraktion/cpm = $\frac{\text{Counts}}{\text{per min.}}$

$-E_2$ (Kontrolle) 450 cpm 4.–7. Fraktion/cpm = $\frac{\text{Counts}}{\text{per min.}}$

600 cpm 4.–7. Fraktion/cpm = $\frac{\text{Counts}}{\text{per min.}}$

600 cpm/50 µl	/ :60% eff. counter
1 000 dpm/50 µl	/ × 20 (50 µl → 1 ml)
20 000 dpm/ml	/ × 1,1 Kohleverdünnung
22 000 dpm/ml	/ 2 220 dpm ≙ 1 nCi
10 nCi/ml	/ 100 nCi ≙ 1 pmol
0,1 pmol/ml	/ × 1000
100 fmol/ml	/ :5,0 ng Protein/ml Zytosol

20 fmol E_2R/mg Protein

3.2.5 E_2-RIA (zur Bestimmung des Estradiolgehaltes im Zellkern)

Reagenzien: Dest. Äther zur Narkose, Toluol p. A., Chloroform p. A., Methanol (max. 0,01% H_2O) p. A., Sephadex LH 20 (Pharmacia), H_2O bidest., Titriplex III p. A., Lysozym, Kontrollplasmen (mit bekannter Menge E_2), Methanol, Trockeneisbad, Stickstoff zum Eindampfen 2,4,6,7 ^{3}H-17β-Estradiol (100 µCi/ml), Estradiol 40 µg/ml, Anti-Estradiol-BSA, Dextran coated charcoal Tabletten (Steranti Separex), Szintillator (Hydroluma von Baker).

Puffer: 0,01 M Natriumphosphat
0,01 M EDTA III > pH 7,2

Nach der pH-Wert-Einstellung wurden 100 mg Lysozym/100 ml Puffer dazugegeben.

Tracer-Lösung für die Wiederfindung: Aus der 100 µCi/ml Lösung wurden 4 µl in 5 ml Puffer gemischt, davon wurden 10 µl je Probe eingesetzt.

Toluol, Chloroform und Methanol p. A. (im Verhältnis 7:2:1) dienten als Laufmittel (LM).

Das etwa 12 Std. gequollene Sephadex wurde mit LM gewaschen. Die mit Sephadex gefüllten Glassäulen (3 ml Gelvolumen) wurden mit einem Teflonstopfen verschlossen, um ein Austrocknen der Säulen zu vermeiden.

3.2.5.1 Arbeitsvorgang

Nach Zentrifugation der Tumorhomogenate erfolgte die Resuspension der Pellets mittels einer Einmal-Tuberkulinspritze unter Verwendung von 1 ml H_2O bidest. (bei 2 °C im Eiswasserbad). Diese Suspension wurde in Schliffröhrchen (runder Boden) eingewogen und mit der bereits vorbereiteten Tracer-Lösung (10 µl) versetzt. Nach guter Durchmischung mit dem Vortex wurde für 10 min bei 20 °C geschüttelt. Parallel zu den Proben führten wir ein H_2O- und Säulenblank durch. Alle Proben wurden mit 3 ml Äther versetzt und dann wiederum gut gemischt. Falls eine Probe nicht homogen war, so wurde nochmals 0,5 ml H_2O hinzugegeben. Nach 10 min Schütteln zentrifugierten wir für 3 min (5000 UPM, 2 °C). Die wäßrige Phase wurde dann im Methanol-Trockeneis-Bad (−17 °C) eingefroren. Es wurde die überstehende Ätherphase in die Präparategläser dekantiert. Erst dann wurde die wäßrige Phase im warmen H_2O aufgetaut. Diese Extraktion wurde zweimal wiederholt. Die dritte Extraktion erfolgte mit nur 2 ml Äther. Bei den einzelnen Extraktionsvorgängen wurde der Äther stets eingedampft. Die eingedampften Proben wurden mit 0,5 ml Laufmittel (LM) aufgenommen. Nach gutem Mischen wurde diese Suspension mit einer Pasteurpipette auf die mit Sephadex LH 20 gefüllten Säulen gegeben. Diese Prozedur wurde zweimal wiederholt. Nach Auslaufen des Laufmittels wurden zum Durchlaufen weitere 2,5 ml LM auf die Säule gegeben. Erst dann wurden 3,5 ml LM auf die Säule appliziert, die anschließend in Präparateröhrchen aufgefangen wurden, dann erfolgte die Eindampfung in H_2O-Bad für 1 Std. mit N_2 (bei 38 °C).

Bestimmung des Säulenblanks: Gleiches Volumen auf die Säule geben und E_2-Fraktion auffangen, eindampfen und mit 100 µl Puffer aufnehmen, dann direkte Eingabe im Assay. Die Proben wurden in 150 µl Puffer aufgenommen, gut gemischt und für 20 min geschüttelt, 100 µl gelangten dann in den Assay.

Im Assay benötigte Lösungen:

$^*E_2$: 2, 4, 6, 7, ^{3}H-17β Estradiol (100 µCi/ml), auf 55 nCi/ml in Puffer verdünnt, davon 100 µl pro Assaytube.

E_2: 40 µg/ml in ETOH, die Lösung wurde mit ETOH 1 : 100 verdünnt (4 µg/ml). Dann 50 µl in Puffer verdünnt bis 3 pg/0,1 ml, davon 100 µl pro Assaytube.

AK: Anti-Estradiol-6-BSA, davon wurden 280 µl in 9,8 ml Puffer gelöst. 100 µl pro Assaytube.

Kohlesuspension:

Steranti Separex (von Paesel): 2 Tabletten in 100 ml Puffer werden für 15 Min. bei 20 °C gerührt, dann für 15 Min. im Eisbad.

3.2.5.2 Inkubation

Jedes Präparateröhrchen (0,1 ml Probe) wurde mit 0,1 ml $^*E_2$ versetzt und gut gemischt, 0,1 ml AK wurden dazugegeben und ebenfalls gemischt. Die Inkubation erfolgte über Nacht im Eisbad. Am nächsten Tag wurden die Proben mit 0,5 ml Kohlesuspension versetzt, für 10 min im Eisbad stehen gelassen und dann 10 Minuten lang zentrifugiert (6000 UPM, 2 °C). 0,6 ml von den Überständen gelangten mit der Pipette in Mini-vials, je 4,2 ml Szintillator kamen hinzu, es wurde geschüttelt, anschließend erfolgte die Zählung im Beta-Spektrometer.

3.3 Ergebnisse

Abbildung 18 zeigt eine graphische Darstellung der Radioaktivitätsmessung in den einzelnen Fraktionen nach der Agar-Gel-Elektrophorese. Der Estradiol-Rezeptor zeigt sich in der Fraktion 4–7, während das „freie" Steroid durchwandert und sich in der Fraktion 9–13 nachweisen läßt. Der gestrichelte Kurvenverlauf stellt in der Fraktion 4–7 die *Rezeptor-spezifische* Bindung dar, der andere Kurvenverlauf dagegen die *unspezifische* Bindung. Bei Rezeptorpositivität liegt die gestrichelte Kurve in der Fraktion 4–7 als Peak deutlich über der anderen Kurve. *Je größer* dieser Unterschied, *desto höher* ist der Rezeptorgehalt in der Probe.

Bei allen 42 Tumorgewebe-Proben fand sich kein nachweisbarer Unterschied im Kurvenverlauf, ein Estradiol-Rezeptor war also nicht nachzuweisen.

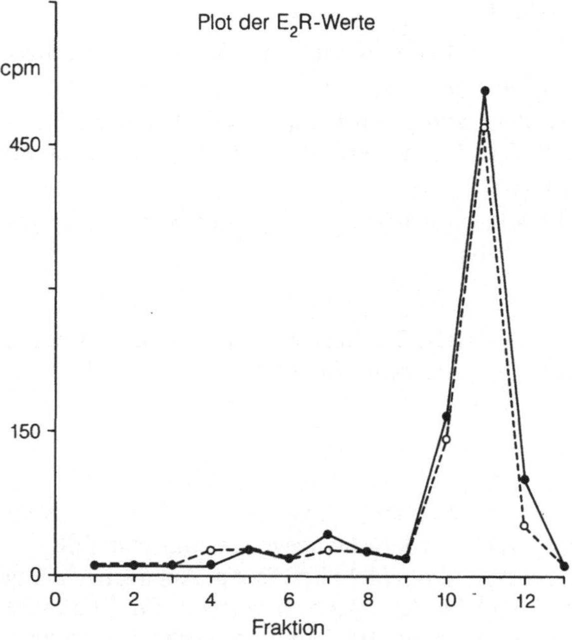

Abb. 18. Graphische Darstellung der Radioaktivitätsmessung nach Abschluß der Agar-Gel-Elektrophorese zur Berechnung des E_2R-Gehaltes: o——o Rezeptor-spezifische Bindung; •——• unspezifische Bindung

Abbildung 19 ist entsprechend zu interpretieren, nur wurde hier die Messung für den *Progesteron-Rezeptor* (PR) durchgeführt. Der Progesteron-Rezeptor verbleibt in der Fraktion 4–9, das „freie" Steroid wandert durch bis in Fraktion 9–13. Auch hier stellt die gestrichelte Kurve in der Fraktion 4–9 die *Rezeptor-spezifische* Bindung dar, die andere Kurve dagegen die *unspezifische* Bindung.

In allen 42 Nierenzellkarzinomen zeigte sich in den Fraktionen 4–9 kein Unterschied im Kurvenverlauf. Daraus ist wiederum auf das Fehlen eines Progesteron-Rezeptors im Zytoplasma zu schließen.

Im parallel durchgeführten Radio-Immuno-Assay (RIA) war ebenfalls keine Anreicherung von Estradiol im Zellkern gegenüber dem *Plasmaspiegel* des jeweiligen Patienten nachweisbar. Zusätzlich erfolgte bei allen 42 Nierenzellkarzinomen eine immunhistochemische Markierung mittels monoklonaler Antikörper (mAK) gegen das Estradiol-Rezeptor-Protein als Antigen [*ER-ICA* = *E*strogen *R*eceptor – *I*mmuno *C*ytochemical *A*ssay (Abbott Laboratories)].

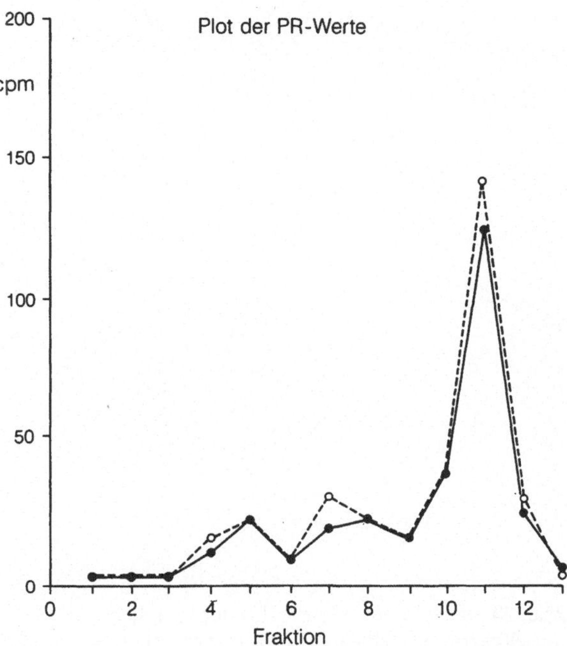

Abb. 19. Graphische Darstellung der Radioaktivitätsmessung nach Abschluß der Agar-Gel-Elektrophorese zur Berechnung des PR-Gehaltes: o——o Rezeptor-spezifische Bindung; •——• unspezifische Bindung

Die Färbetechnik selbst ist in Tabelle 11 schematisch wiedergegeben. Bei Vorhandensein des Estradiol-Rezeptor-Proteins als Antigen erfolgt mittels der Alkalischen-Phosphatase-Anti-Alkalischen-Phosphatase-Technik (sog. APAAP-Methode, s. dazu ebenfalls Kap. 4, S. 65) ein Farbumschlag von Neufuchsin in Rot. Abbildung 20 ist ein Beispiel der durchgeführten immunhistochemischen Färbung: Die fehlende Rotfärbung bei allen untersuchten Nierenzellkarzinomen ist ein weiteres Indiz für die fehlende Steroidhormonabhängigkeit.

Als Positiv-Kontrolle zeigt Abb. 21 ein Mammakarzinom mit immunhistochemischer Rotmarkierung aller Zellen sowohl im Zellkern als auch im Zytoplasma als Hinweis für das Vorhandensein des Estradiol-Rezeptors (der bekanntermaßen ja sowohl im Zytoplasma als auch im Zellkern steroidhormonabhängiger Zellen vorhanden ist [73]).

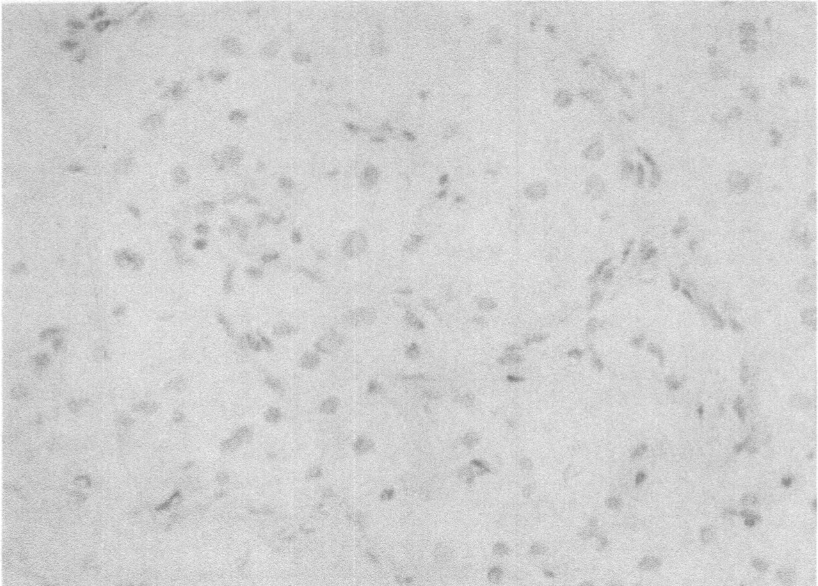

Abb. 20. Beispiel einer immunhistochemischen Färbung mittels ER-ICA beim Nierenzellkarzinom; fehlende Rotfärbung (hier: *heller* Zellkern und *helles* Zytoplasma): kein Hinweis für Estradiolrezeptor; Vergr. ×140

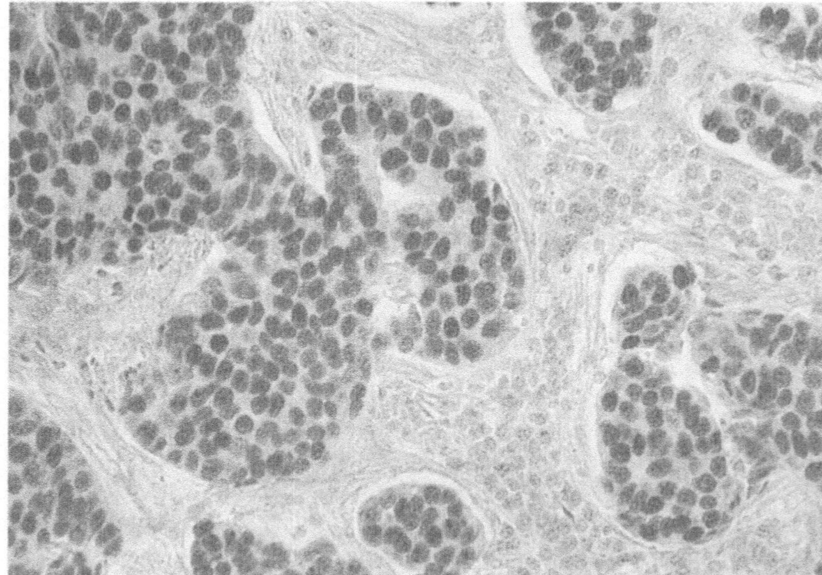

Abb. 21. Als Positiv-Kontrolle immunhistochemische Färbung eines hochdifferenzierten Mammakarzinoms mittels ER-ICA: durch Rotfärbung (hier: *dunkel*) Markierung des E_2R sowohl im Zellkern als auch im Zytoplasma; Vergr. ×180

Tabelle 24. Arbeitsvorschriften zur Färbetechnik für den immunhistochemischen Nachweis des Estradiol-Rezeptor-Proteins mittels ER-ICA* (ABBOTT) an Gefrierschnitten

---

Gefrierschnitte einen Tag vorher schneiden. Sofort den aufgezogenen Schnitt in Zamboni-Lösung stellen und 10 Min. fixieren, ab diesem Zeitpunkt darf der Schnitt nicht mehr trocken werden. Gut abspülen in TBS und in Aufbewahrungsmedium bis zum nächsten Tag bei 4 °C im Kühlschrank lagern.

Wieder gut abspülen in TBS.

1. 30 Min. ER-ICA (1:4 verdünnt mit RPMI)
2. Spülen in TBS
3. 30 Min. Mouse-anti-Rat Ig G (verd. mit 1:4 Huse)
4. Spülen in TBS
5. 30 Min. Rabbit-anti-Mouse 1:20 (verd. 1:4 Huse)
6. Spülen in TBS
7. 30 Min. APAAP (1:50 verd. mit RPMI-Medium)
   ER-ICA wird 2 × wiederholt, d. h. Punkt 3–7 je 10 Min.
8. Spülen in TBS
9. 30 Min. Entwicklung
10. Spülen in TBS
11. Kernfärbung mit Meyers saurem Hämalaun
12. Spülen in TBS
13. Eindecken mit Kaisers Glyceringelatine

Ansetzen der Zamboni-Lösung:

150 ml wässr. gesätt. Pikrinsäure (2 × filtriert) mit 20 g Paraformaldehyd mischen. Mischung auf 60 °C erwärmen, tropfenweise 2,5% NaOH (2 N NaOH), etwa 10–20 ml, zugeben bis die Lösung klar ist.
Filtrieren, auf Zimmertemperatur abkühlen lassen und mit Phosphatpuffer (0,15 m) auf 1000 ml auffüllen.

Phosphatpuffer pH 7,35 (=0,15 m):

3,31 g Natriumdihydrogenphosphat-1-hydrat
22,41 g Natriumhydrogenphosphat-dihydrat

in 1000 ml Aqua dest. lösen.

Aufbewahrungsmedium:

42,80 g Sucrose
0,33 g Magnesiumchlorid (wasserfrei)
in 250 ml PBS lösen.
Dann 250 ml Glycerin hinzufügen und mischen. Vor Gebrauch auf −10 °C bis −20 °C abkühlen, Lösung ist 4 Wochen haltbar.

PBS: 0,01 M phosphatgepufferte Kochsalzlösung pH 7,2–7,4 für 1 l

8,50 g Natriumchlorid
1,43 g Di-Kaliumhydrogenphosphat
0,25 g Kaliumdihydrogenphosphat

lösen in 800–900 ml Aqua dest., pH einstellen und auf einen Liter Volumen auffüllen, wöchentlich frisch ansetzen.

Reagenzien:

ABOTT ER-ICA monoclonal, Bestell-Nr. 3087-19
Mouse-anti-Rat Ig G, 1,5 mg, Fa. DIANOVA, Code-Nr. 212-0562
Glycerin (Glycerol etwa 87%), 1 Liter, Fa. MERCK, Art.-Nr. 4094
Sucrose, 1 kg, Fa. BIO RAD, Cat.-Nr. 161-0720
Paraformaldehyd, 1 kg, Fa MERCK, Art. 4005
Pikrinsäure 1,2%, 2,5 L, Fa. MERCK, Art. 604+
Magnesiumchlorid 250 g, Fa. MERCK, Art. 5833

---

* Estrogen Receptor-Immuno Cytochemical Assay

3.4 Diskussion

Aufgrund der erwähnten Experimentalarbeiten im Tierversuch von Kirkman und Bacon aus dem Jahre 1949 [111] entwickelte sich die Vorstellung, daß auch beim Menschen das Nierenzellkarzinom mittels einer endokrinen Therapie zu beeinflussen sei. In der Literatur waren Angaben über Östrogen-Rezeptoren beim Nierenzellkarzinom bisher widersprüchlich. Tabelle 25 zeigt eine Übersicht von verschiedenen Autoren, ausnahmslos Biochemiker, die Nierenzellkarzinome auf den Gehalt von Estradiol-Rezeptoren untersuchten [18]. Es findet sich eine deutliche Diskrepanz zwischen den Untersuchungsergebnissen: Einige Autoren sind der Ansicht, daß es praktisch keinen Steroid-Rezeptor für Estradiol gibt, andere meinen, daß in bis zu 60% der Fälle dieser Steroid-Rezeptor vorhanden ist, das entspräche einer Größenordnung wie beim Mammakarzinom [4, 99, 196]. Interessant an diesen Daten ist, daß der untere Grenzwert für die Rezeptorpositivität deutlich unter 20 fmol/mg Zytosol-Protein gesetzt wurde! Berücksichtigt man jedoch, daß beim Mammakarzinom erst ab 20 fmol/mg Zytosolprotein von Rezeptorpositivität gesprochen wird, so sind praktisch alle diese hier analysierten Nierenzellkarzinome als *rezeptornegativ* zu bezeichnen. Lediglich einige wenige Proben (in Tabelle 25 mit Pfeil markiert) reichen bis an 20 fmol/ml Zytosolprotein heran und hätten somit einen „Hauch" von Rezeptorpositivität, sofern sich dann auch tatsächlich im Zellkern eine Anreiche-

Tabelle 25. Estrogen receptors in human renal cell carcinoma cytosol (entnommen aus World J Urol (1984) 2: 92–98)

Author	Year	Biopsies (number)	ER+(%)	Threshold (fmol/mg cytosol protein)	Concentration (fmol/mg cytosol protein)
Bojar et al.	1976	6	–	–	17.5±3.8
Concolino et al.	1978	23	61	No data	No data
v. Maillot et al.	1979	29	59	6	8–834
Helmstreet et al.	1980	46	30	10	10.1±2.2
Chen et al.	1980	16	0	–	–
Pearson et al.	1981	23	4	–	6
Grilli et al.	1981	33	6.1	No data	'Very low'
Concolino et al.	1981	38	50	No data	No data
Ronchi et al.	1981	69	12	0	4.11
Pontes et al.	1982	28	17.8	3	3–24
Pizzocaro et al.	1983	23	17	1.6	1.6–20.1 ←
Karr et al.	1983	27	41	0.9	0.9–24.2 ←

rung für Estradiol finden läßt (als Hinweis für die tatsächliche funktionelle Steroidabhängigkeit dieses Gewebes). Nur mit Hilfe der aufwendigen RIA-Methode wäre diese Frage zu beantworten, dies ist jedoch beim Nierenzellkarzinom bisher noch nicht erfolgt und war somit ein Grund dieser Studie.

Die Steroid-Hormon-Wirkung wird durch bestimmte intrazelluläre, als Steroid-Hormon-Rezeptoren bezeichnete Proteine gesteuert. Diese Rezeptoren kommen nur in Erfolgsgeweben (z. B. sekundäre Sexualorgane) vor. Rezeptoren sind deshalb Markerproteine der hormonabhängigen Gewebe [96]. In einer Übersichtspublikation von Bojar [18] wurde versucht, die Estradiol-bindenden Zytosolbestandteile (Proteine) beim Nierenzellkarzinom näher zu charakterisieren. Dabei fiel auf, daß einige charakteristische Merkmale von nativen Rezeptorproteinen fehlten, etwa die Sedimentation in der 8-S-Region. Die Bindungsfähigkeit dieser Nicht-Rezeptor-Proteine für Estradiol ist als sehr niedrig anzusehen, verglichen z. B. mit den in Mammakarzinomen nachweisbaren Rezeptoren. Bei sachlicher Betrachtung dieser Resultate sprechen einige Autoren lediglich von „Borderline-Konzentrationen" für den Estradiol-Rezeptor in einigen Nierentumorgeweben [18, 101]. Eine mögliche Erklärung für diese Befunde wäre die Hypothese eines „funktionellen Rezeptorverlustes". Diese Hypothese stützt sich auf Untersuchungen von nachweislich Steroid-Hormon-abhängigen Geweben (Mamma, Uterus) [98].

Abbildung 22 zeigt schematisch die Estradiol-Rezeptor-Wirkung in der Zielzelle:

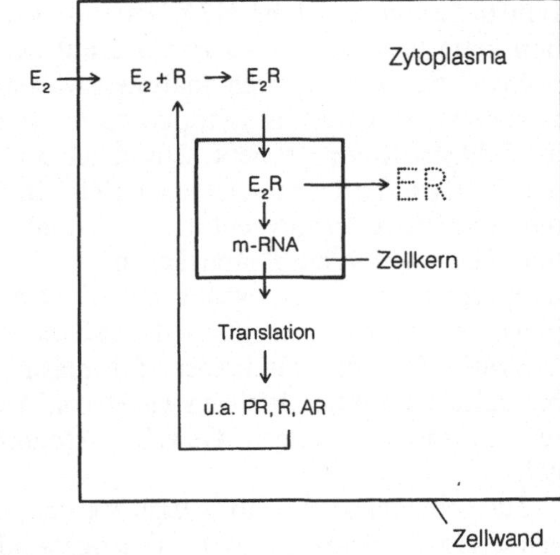

E_2 : Östradiol
R : Östradiol-Rezeptor
E_2R : Östradiol-Rezeptor-Komplex
m-RNA : Messenger-RNA
PR : Progesteron-Rezeptor
AR : Androgen-Rezeptor

Abb. 22. Schematische Darstellung der Östradiol-Rezeptor-Wirkung in der Zelle

Estradiol (E_2) gelangt ohne spezifische Transportmechanismen durch die Zellmembran in das Zytopolasma der Zelle. Bei Vorhandensein des Estradiol-Rezeptors (R) bildet sich der Estradiol-Rezeptor-Komplex (E_2R). Durch Änderung der Konformation dieses Rezeptors ist der Eintritt des E_2-Komplexes (E_2R) in den Zellkern möglich. Nach Transcription mit Bildung von Messenger-RNA und nachfolgender Translation setzt im Zytoplasma die Protein-Neusynthese ein, u. a. für den Estradiol-Rezeptor (R) und Progesteron-Rezeptor (PR). Estradiol und der dazugehörige Rezeptor werden nach dieser Reaktion im Zellkern nicht wiederverwendet, sondern zerfallen. Am Ende dieser Reaktionskette steigen durch Neusynthese die Konzentrationen für Estradiol- und Gestagen-Rezeptoren wieder auf das Ausgangsniveau der hormonabhängigen Zelle an. Erst dann zeigen die hormonabhängigen Zellen morphologische Veränderungen im Sinne einer Proliferation, wie hinlänglich bekannt für Mamma- und Uterusgewebe [98]. Der Estradiol-Rezeptor besitzt eine Schlüsselstellung in der beschriebenen Reaktionskette [98].

Bereits mit Einsetzen der Narkose, also noch vor der Nierentumorentnahme, kommt es zur Ausschüttung von Estradiolvorstufen aus der Nebennierenrinde; diese werden peripher aromatisiert und bewirken in den Zielzellen einen Verbrauch an E_2-Rezeptor. In dem entfernten Nierentumor könnte durchaus die Konzentration von E_2R zwar im Zytoplasma abgefallen, aber im Zellkern schon erhöht sein.

Abbildung 23 erläutert noch einmal schematisch diesen Vorgang des „funktionellen Rezeptorverlustes", nämlich daß zum Zeitpunkt der Nierentumorentnahme der E_2-Rezeptorgehalt im Zytoplasma der Tumorzellen bereits unter die Nachweisbarkeitsgrenze gefallen sein könnte. In keinem der untersuchten NZK waren Glieder der beschriebenen Reaktionskette (s. Abb. 23) als Hinweis auf deren stattgefundenen Ablauf nachweisbar. Biochemisch analysiert wurden der Estradiol- und Progesteronrezeptorgehalt im Zytoplasma sowie erstmals der Estradiolgehalt im Zellkern-Kompartiment. Zusätzlich zu diesen Bestimmungsmethoden erfolgte die immunhistochemische In-situ-Markierung des Estradiol- und Progesteronrezeptors. Auch fand sich in keinem der untersuchten Fälle eine Estradiolanreicherung im Zellkern gegenüber dem Estradiolplasmaspiegel des jeweiligen Patienten. Dies stützt die These aus jüngeren Publikationen [18, 101], daß die im „Borderline"-Bereich gemessenen Estradiol-bindenden Zytoplasma-Proteine keine spezifische biologische Funktion besitzen wie Steroid-Hormon-Rezeptoren in anderen, hormonabhängigen Geweben (Mamma, Uterus-Endometrium) [97].

Zusammenfassend kann gesagt werden, daß sich anhand dieser Ergebnisse keinerlei Hinweise für Östrogen- oder Progesteron-Rezeptoren beim Nierenzellkarzinom finden.

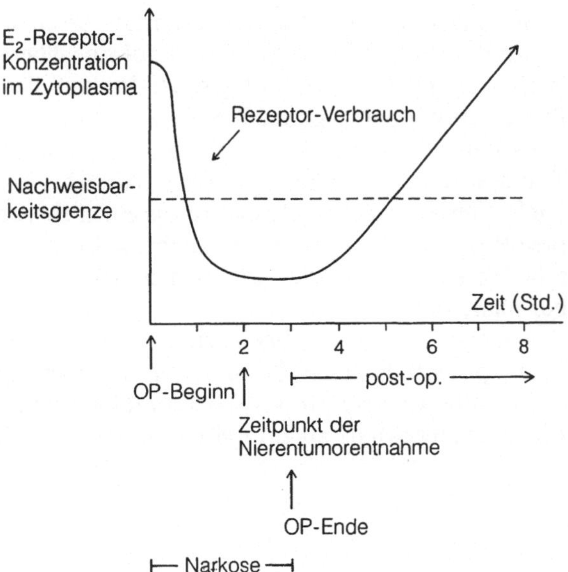

Abb. 23. Hypothese bezüglich des funktionellen E_2-Rezeptorverlustes nach Ausschüttung von Östradiolvorstufen

Da mit dem gleichen Verfahren die Hormonabhängigkeit von Mamma- und Uteruskarzinomen in Biopsien zweifelsfrei nachgewiesen werden kann, liegt es nahe, die positiven Berichte in der Literatur als experimentell bedingt anzusehen. Die bisher publizierten Ergebnisse wurden mit der sog. „Charcoal-Methode“ erzielt, ohne weitere Charakterisierung der bindenden Proteine (eine Ausnahme sind die „Borderline-Fälle“ von Bojar [18]). Als Fehlerquelle bei der Kohleadsorbtionsmethode muß in erster Linie die sehr variable Zumischung von extrazellulären Proteinen zum „Zytosol“ angesehen werden. Dabei dürften, neben SHBG (*S*ex *H*ormon *B*inding *G*lobulin), vor allem mit Fettsäuren beladene Albumine als Störfaktor zum Tragen kommen.

Die hier verwendete Methode der agarelektrophoretischen Abtrennung von nichtgebundenen Steroiden durch Elektroendosmose hat als weiteren Vorteil das „Abstreifen“ von locker gebundenen Steroiden von nichtspezifischen bindenden Proteinen, wie z. B. Albumine.

Die „negativen“ Befunde mit der Agarelektrophorese sind deshalb von größerer Zuverlässigkeit als die oft positiven „Single-Point“-Bestimmungen, die wir nur zur Wiederfindungskontrolle der Gesamtradioaktivität benutzten und die sonst als Rezeptorbestimmungsmethode dienen.

Im Gegensatz zum Mammakarzinom erscheint durch die fehlenden Steroidhormon-Rezeptoren eine endokrine Therapie des metastasierten NZK *nicht effektiv*, den biologischen Verlauf dieser Malignomart beeinflussen zu können (vgl. dazu Kap. 2, S. 41).

Es gibt allerdings Hinweise aus der Literatur, daß eine Hochdosis-Therapie mit dem Antiöstrogen Tamoxifen (150–200 mg tgl.) über einen Nicht-Steroidrezeptor-Mechanismus einen therapeutischen Effekt beim metastasierten NZK zeigt, möglicherweise über eine direkte zytostatische Wirkung [243]. Diesbezüglich eindeutige Resultate liegen aber bisher nicht vor.

Auf der Suche nach Wirkmechanismen des individuellen biologischen Tumorpotentials des NZK wird im nächsten Kapitel die Bestimmung der Proliferationsraten von Nierenzellkarzinomen sowohl in vivo (im Biopsiematerial) als auch in vitro (in der Zellkultur) beschrieben.

Kapitel 4

Bestimmung der Proliferationsrate in vivo sowie in vitro beim Nierenzellkarzinom mittels des Ki-67-Assays

4.1 Einleitung

Zur Beurteilung der Prognose wurden von Pathologen und Urologen zahlreiche Versuche unternommen, mit Hilfe verschiedenster deskriptiver Parameter das biologische Potential dieses Tumortyps zu bestimmen. Dazu erwies sich das „Grading-System" bisher am geeignetsten [85], obschon nicht selten der einheitliche Bezug problematisch ist.

Die Möglichkeit, mit Hilfe zellkinetischer Untersuchungsverfahren die Wachstumsgeschwindigkeit und damit die Aggressivität eines Tumors bestimmen zu können, eröffnet neue Perspektiven. Bereits 1966 wies Schiodt am Beispiel des Mammakarzinoms darauf hin, daß die histologisch feststellbare Mitoserate ein einfach zu bestimmender kinetischer Parameter in Korrelation zur Prognose ist [194]. Bisher war eine direkte Bestimmung der Zellen, die sich im aktiven Zellzyklus (d.h. in der DNS-Synthese) befinden, nur mit der zeit- und kostenintensiven Autoradiographie-Methode möglich: Die tumortragende Niere wird ektomiert und wie für eine Transplantation durch kontinuierliche Perfusion mit einer Nährlösung, die Tritium-markiertes Thymidin enthält, vorbereitet [171].

Nach einer Perfusionszeit von mehreren Stunden wird das Gewebe tiefgefroren. In Kryostat-Dünnschnitt-Technik werden die Schnitte auf Photoplatten gelegt und anhand der Lichtpunkte – verursacht durch das radioaktiv markierte Thymidin – kann indirekt auf den Anteil der im Zellzyklus aktiven Zellen und damit auf die Proliferationsrate des Gewebes geschlossen werden.

Im folgenden wird eine für das Routineverfahren anwendbare Methode zur Bestimmung der Proliferationsrate sowohl in vivo als auch in vitro beim NZK beschrieben.

4.2 Material und Methode

Unmittelbar nach der Tumornephrektomie wurde bei 28 Patienten aus dem neoplastischen Gewebe ein repräsentativer Block von etwa 1 cm Kantenlänge (entspr. 1 ccm Gewebs-Volumen) entnommen. Wenn möglich, wurde je ein Block zentral im Tumorareal sowie aus der Peripherie am Übergang zu gesundem Gewebe entfernt. Das übrige Material gelangte zur Referenz-Histologie. War der Tumor größtenteils zystisch-nekrotisch zerfallen, so wurde lediglich aus dem Solidanteil des Tumors eine entsprechende Probe entnommen. Das Material wurde in flüssigem Stickstoff tiefgefroren und mittels Kryostat-Dünnschnitt-Technik [128] als 5-μ-Gewebsschnitte auf Objektträger gebracht. Anschließend erfolgte die immunhistochemische Aufarbeitung zum Nachweis des Proliferationsantigens (Ki-67) mittels monoklonaler Antikörper. Die Herstellung dieser monoklonalen Antikörper wurde erstmals von Gerdes et al. 1983 beschrieben [70]: Diese Antikörper reagieren mit einem Proliferations-assoziierten Zellkernantigen. Eine genaue Zellzyklus-Analyse an Phytohämagglutinin(PHA)-stimulierten Lymphozyten zeigte, daß das Ki-67-Antigen von allen sich aktiv im Zellteilungszyklus befindlichen Zellen exprimiert wird, nicht dagegen in Zellen in der G_0-Phase [72] (s. Abb. 24).

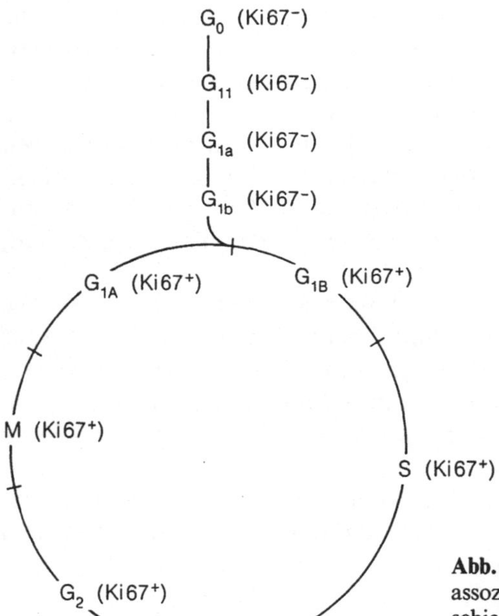

Abb. 24. Auftreten des proliferations-assoziierten Ki-67-Antigens in den verschiedenen Phasen des Zellteilungszyklus. (Nach Gerdes [72])

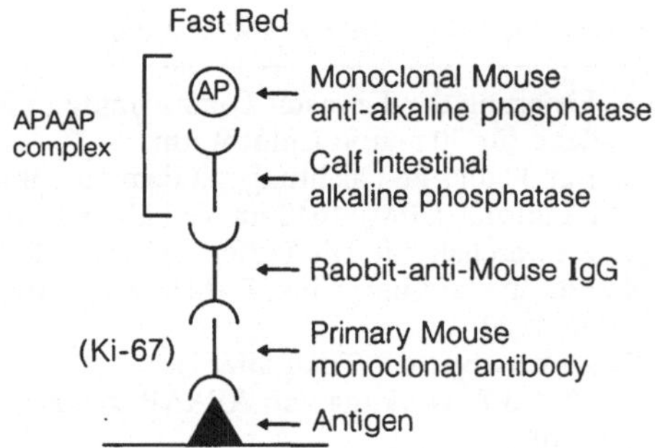

Abb. 25. Schematische Darstellung der immunhistochemischen Färbemethode Ki-67 unter Verwendung des sog. APAAP-Komplexes

Für diese Untersuchung wurde der Ki-67-Antikörper von Dianova (Hamburg) verwendet. Abbildung 25 erläutert graphisch die gewählte Antikörperverknüpfung, der detaillierte Ablauf der einzelnen Arbeitsschritte wurde erstmals von Gerdes und Mitarbeitern beschrieben [71, 128]: Die Aceton- und Chloroform-fixierten Präparate wurden für etwa 30 Minuten in RPMI 1640 Medium inkubiert, dem zuvor der monoklonale Antikörper Ki-67 in einem Verhältnis von 1:4 (Antikörper: Medium) zugesetzt worden war. Die Präparate wurden zweimal mit TRIS-Puffer (pH 7,4–7,6) gewaschen und dann für 30 Minuten mit dem Rabbit-Anti-Mouse-IgG als Brückenantigen inkubiert. Es folgte wiederum das zweimalige Waschen mit TRIS-Puffer.

Zum Nachweis des Proliferations-spezifischen Antigens verwandten wir die sog. APAAP-Komplex-Methode (APAAP = alkalische-Phosphatase-anti-alkalische-Phosphatase) [36]. Die Empfindlichkeit läßt sich durch Wiederholung der Inkubation mit dem Brückenantigen (RaM IgG) und dem APAAP-Komplex steigern. Die endogene alkalische Phosphatase wird durch Levanisol selektiv gehemmt, um nicht eine Störung der spezifischen Markierung durch die endogen vorhandene alkalische Phosphatase-Reaktion zu erhalten. Zwecks kontrastreicher Markierung wurde Neufuchsin bzw. Fast Red als Farbsubstanz verwandt, das in Anwesenheit von alkalischer Phosphatase eine Rotfärbung ergibt. Die Gegenfärbung erfolgte mit Hämalaun (blaue Färbung) zur Darstellung der Zellkerne. Die Bestimmung der Proliferationsrate (PR) wurde gemäß der von Gerdes et al. beschriebenen Methode vorgenommen [71]: Bei mittlerer Vergrößerung wurden an vier verschiedenen Stellen des Präparates 200 Zellen ausgezählt und davon der prozentuale Anteil der markierten Zellen ermittelt.

Als Negativ-Kontrolle lief in jeder Färbeserie ein Präparat ohne die Ki-67-Antikörper-Applikation, während alle anderen Färbeschritte dann folgten.

Tabelle 26. Schematische Beschreibung der Ki-67-Färbung mit APAAP-Komplex

1. Fixierung der Kryostat-Dünnschnitte (5 μ) für 30 min in Aceton und anschließend für 30 min in Chloroform
2. Für 30 min Beschichtung mit dem monoklonalen Antikörper (Ki-67), zuvor verdünnt mit RPMI-1640 im Verhältnis 1:4
3. 2 × waschen mit Tris-Puffer, pH 7,4–7,6
4. Für 30 min Einwirkung RaM* IgG, zuvor verdünnt mit RPMI-1640 im Verhältnis 1:20
5. 2 × waschen mit Tris-Puffer
6. 30 min Einwirkung von APAAP, zuvor verdünnt mit RPMI-1640 im Verhältnis 1:10
7. 2 × waschen
8. Für 10 min RaM IgG
9. 2 × waschen
10. Für 10 min APAAP
11. 2 × waschen, zur gleichen Zeit jetzt Färbelösung herstellen (z. B. Fast Red oder Neufuchsin)
12. Für 30 min Beschichtung mit Färbelösung
13. 3 × waschen
14. Für 4 min Einwirkung von Hämalaun
15. Mehrmals waschen und bläuen lassen
16. Mit Kaiser-Glycerin-Gelatine eindecken

* RaM = Rabbit-anti-Mouse

In jeder Färbeserie wurde zusätzlich als Kontrolle (Referenzgewebe) normales Nierengewebe mitgefärbt, dessen Proliferationsrate gemäß autoradiographischen Untersuchungen um 1% liegt [171].

Parallel zur In-vivo-Proliferationsbestimmung wurde – wie beschrieben [179] – jeweils der Tumor auch in vitro präpariert. Für einen Tumor gelang die Etablierung einer Zellinie mit bisher über 40 Passagen. In dieser etablierten Zellinie (genannt HA 359) konnte im Karyogramm das Markerchromosom # 3 als Nachweis des klonalen Wachstums von Nierentumorzellen bestimmt werden [119]. Die Tumorzellen proliferierten in Petrischalen mit Nährmedium direkt auf Objektträgern, die Ki-67-Färbung erfolgte in diesem Fall im Anschluß an die Aceton-Fixierung (vgl. dazu Tabelle 26). Auch die Auswertung der Präparate erfolgte wie bei den In-vivo-Präparaten bereits beschrieben.

4.3 Ergebnisse

Während für Normalnieren (n = 10) die Proliferationsrate (PR) unter 1% lag (Abb. 26) und entsprechende Präparate von hochdifferenziertem

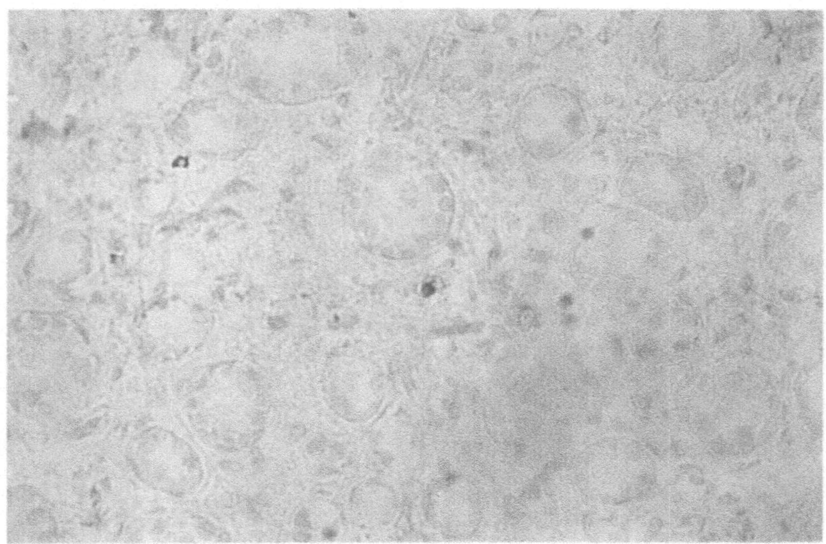

Abb. 26. Normalniere, Kryostat-Dünnschnitt-Technik, Ki-67 positive Zellen sind im Zellkern rot (hier: *dunkel*) gefärbt, negative Zellen dagegen blau (hier *hell*); Vergr. ×100

Tumorgewebe (n=8) nur eine unwesentlich höhere Proliferationsrate von 3% aufwiesen (Abb. 27), zeigten dagegen Präparate von entdifferenziertem Tumorgewebe (n=7) eine hohe Proliferationsrate um 15% (Abb. 28).

Wie zu erwarten, lag die Proliferationsrate in der Tumorperipherie stets höher als im zentralen Anteil (Tabelle 28). Aufgeschlüsselt nach Staging und Grading (der einzelnen Neoplasmen) zeigten 61% der pT1/2-Tumoren niedrige Proliferationsraten bis 5%, lediglich 22% lagen über 10% (Tabelle 27). Bei den pT3-Tumoren fanden sich in der überwiegenden Zahl der Fälle (70%) Proliferationsraten über 6%.

Statistisch bestand keine signifikante Korrelation zwischen Proliferationsrate (PR) und dem Tumorstadium (pT). Eine Korrelation wurde hinsichtlich des Differenzierungsgrades beobachtet: Während für 75% der hochdifferenzierten Neoplasmen eine niedrige Proliferationsrate bis max. 5% bestimmt wurde, zeigten die mäßig differenzierten Tumoren ein indifferentes Bild: Bei 53% lag die Proliferationsrate zwischen 0–5%, bei 47% höher als 6%. Entdifferenzierte Tumoren befanden sich allerdings zu 57% in einer Proliferationsklasse über 10% (Tabelle 27). Die Korrelation zwischen der Proliferationsrate (PR) und dem Grading (G) war signifikant ($\chi^2 = 7{,}8$) mit einer Irrtumswahrscheinlichkeit $<0{,}1$.

Interessant ist auch die Feststellung, daß fortgeschrittene Tumorstadien mit Lymphknotenbeteiligung (es waren insgesamt 3 Patienten in

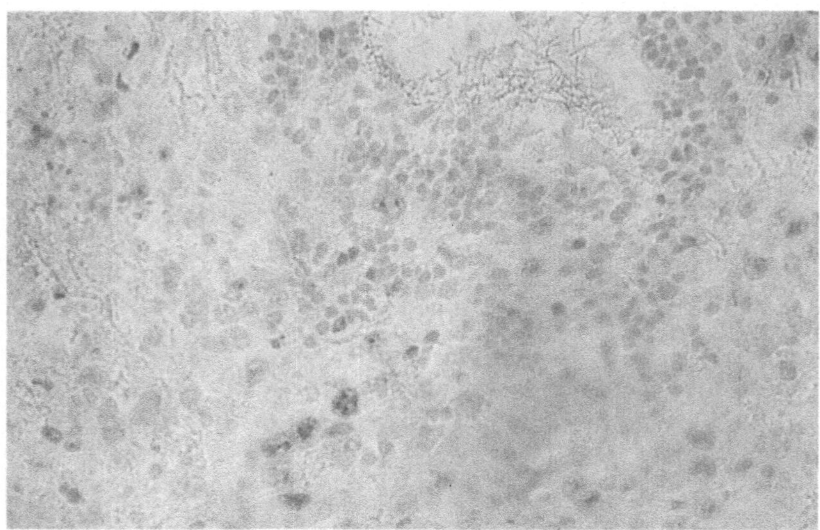

Abb. 27. Hochdifferenziertes Nierenzellkarzinom, Kryostat-Dünnschnitt-Technik, Ki-67 positive Zellen sind im Zellkern rot (hier *dunkel*) gefärbt; Vergr. ×120

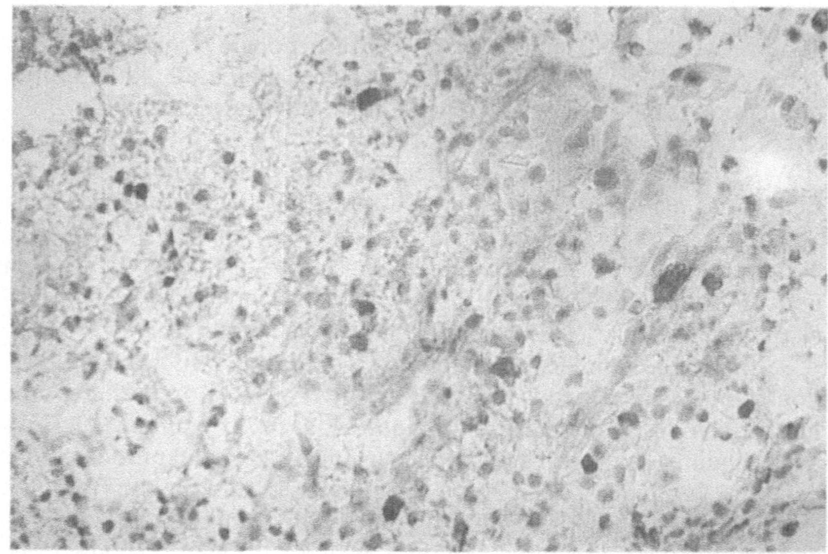

Abb. 28. Entdifferenziertes Nierenzellkarzinom, Kryostat-Dünnschnitt-Technik, Färbung mittels Ki-67-Assay; Vergr. ×120

Tabelle 27. Einteilung der Proliferationsrate in bezug auf G- und pT-Stadium

Anzahl d. Patienten	14	7	7 gesamt $n=28$
PR (%)	bis 5%	6%–9%	>10%
pT 1–2	11	3	4
pT 3	3	4	3
G1	6 (75%)	2	0
G2	7	3	3
G3	1	2	4 (57%)
N+	0	1	2

Tabelle 28. Auflistung in der zeitlichen Reihenfolge der 28. Nierenzellkarzinome in bezug auf Grading, Staging und Proliferationsrate

Nr.	Alter Jahre	Geschlecht	Tumor Durchm. cm	pT	N	V	G	Proliferationsrate (%) Zentral	Peripherie	Solidanteil	Follow-up
1	41	m	8	3	1	0	2	4	9		+[a]
2	73	w	3	2	×	0	1	4	4		/[b]
3	66	m	13	3	0	1	3			5	/
4	56	w	5	3	×	1	3			6	/
5	52	m	5	2	0	1	2			3	/
6	77	m	15	3	1	1	3			10	+
7	77	m	6	2	0	0	2			10	+
8	48	m	4	1	0	0	1			5	/
9	51	m	3	2	0	1	2	1	2		/
10	58	w	4	3	×	1	2			2	/
11	58	m	6	3	0	0	1	4	5		–[c]
12	40	m	4	2	0	0	1			2	/
13	76	w	5	2	0	0	1			2	/
14	69	m	–	3	0	3	3	6	7		–
15	59	w	9	2	0	0	2	2	2		/
16	49	m	7	2	0	1	2	3	3		/
17	48	w	5	2	×	1	2	1	2		–
18	65	w	4	2	×	0	2	1	1		/
19	56	m	6	3	×	1	2			6	/
20	69	w	3	1	0	1	1			6	/
21	67	m	16	2	0	3	3	10	12		+
22	53	m	5	3	0	1	2			11	+
23	39	m	5	2	0	0	1			7	/
24	53	m	4	2	×	0	2			7	/
25	53	m	6	2	×	0	3			13	–
26	53	m	4	2	×	0	2			15	/
27	60	m	6	3	3	1	3			11	+
28	66	m	6	3	×	1	2			9	/

[a] + = *Rezidiv*; [b] / = *bisher* kein Rezidiv;
[c] – = Tumornachsorge nicht regelmäßig erfolgt

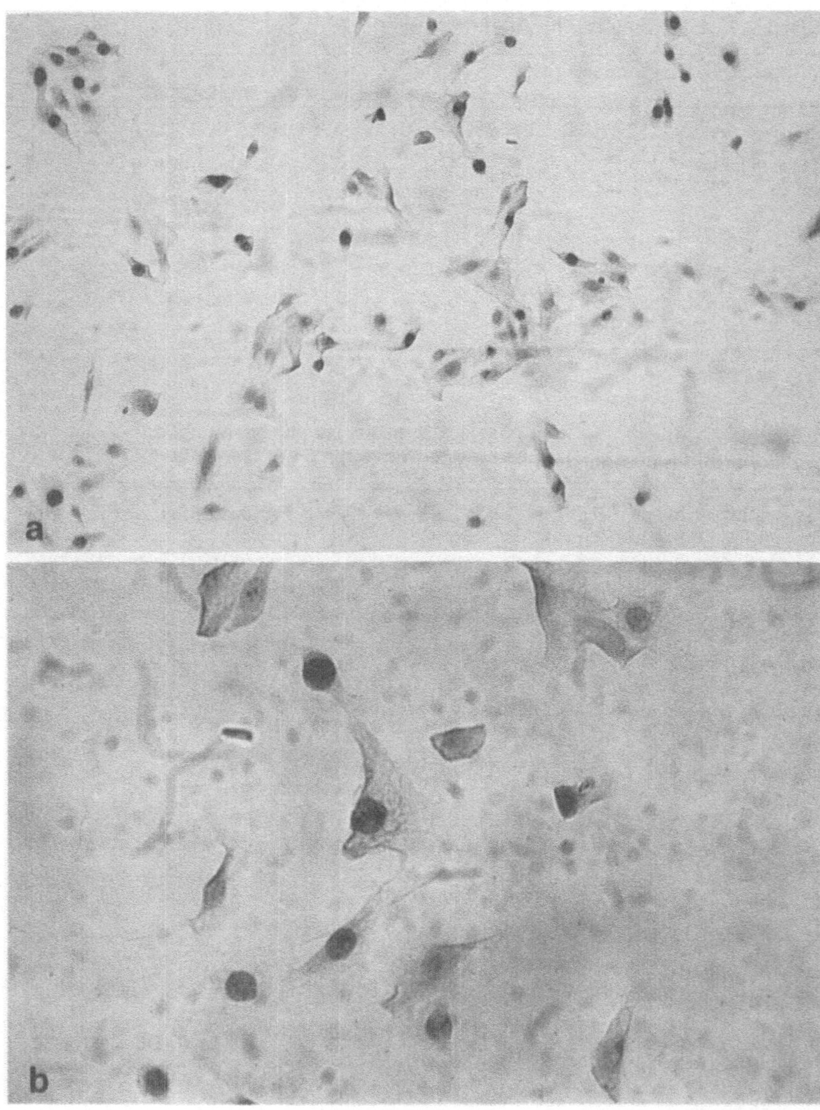

Abb. 29 a, b. In vitro etablierte Zellinie (Nierenzellkarzinom HA 359), 41. Zellpassage, *1. Tag* nach Zellpassage, Färbung mittels Ki-67-Verfahren: Vergr.: **a** ×140, **b** ×280

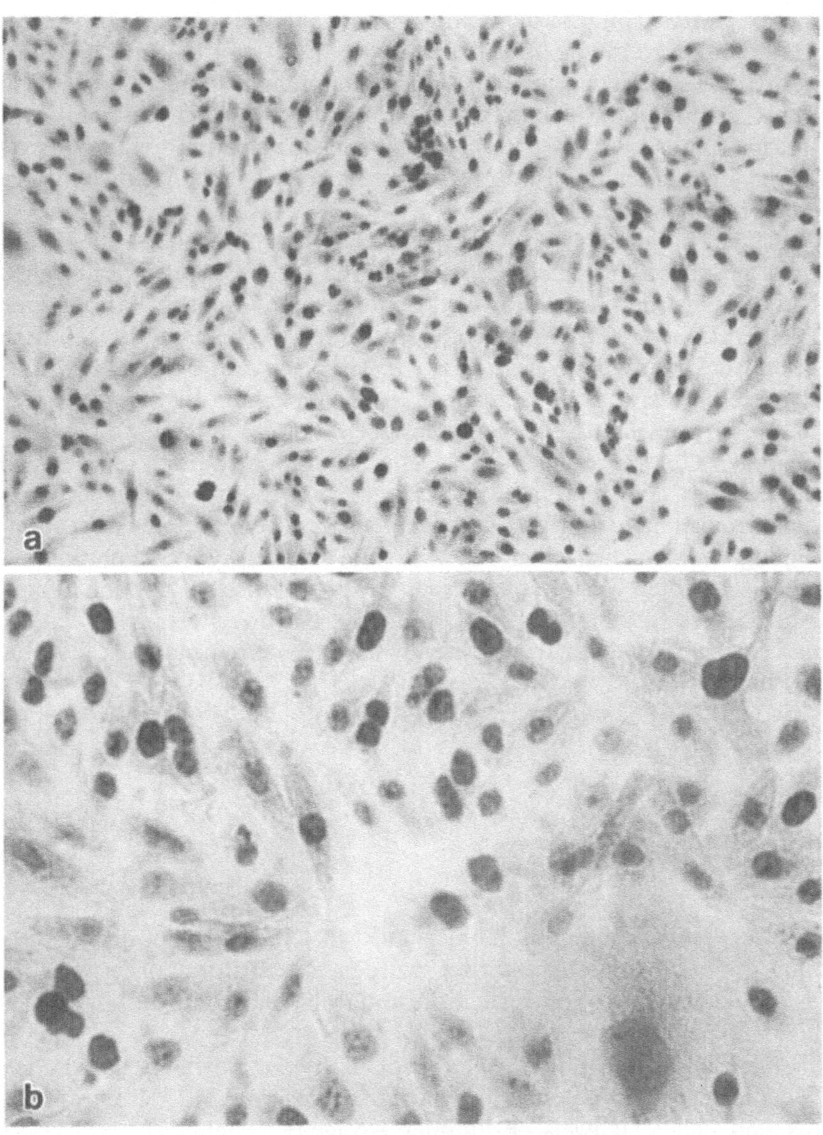

Abb. 30 a, b. In vitro etablierte Zellinie wie in Abb. 29, jedoch 7. *Tag* nach Zellpassagierung, ebenfalls Ki-67-Färbung: Vergr.: **a** ×140, **b** ×280

dieser Untersuchungsreihe) sehr hohe Proliferationsraten aufwiesen: 9%, 10% und 11% (s. Tabelle 27, 28).

In Tabelle 28 ist der klinische Verlauf der untersuchten Patienten nach Tumornephrektomie erfaßt. 6 von 9 Patienten mit einer Proliferationsrate im Tumorgewebe ≥9% entwickelten bisher ein Tumorrezidiv. 4 von diesen 6 Patienten mit Tumorrezidiv verstarben zwischenzeitlich infolge einer Tumorprogression.

Bei den In-vitro-Präparaten zeigte sich dagegen folgendes Bild: Während am ersten Tag nach Zellpassage eine Proliferationsrate um 50% bestimmt wurde (Abb. 29a, b), konnte am 7. Tag nach Passage eine Proliferationsrate um 90% gemessen werden (Abb. 30a, b). Technisch beeindruckten die im Vergleich zur In-vivo-Präparation von Kryostatschnitten besseren Färbeergebnisse der untersuchten In-vitro-Zellen.

Wie in Kap. 6 ausführlich beschrieben, konnte anhand von zytogenetischen Untersuchungen der Nachweis erbracht werden, daß es sich bei den aus dem Tumorgewebe präparierten In-vitro-Zellen um Malignomzellen handelt, es fanden sich keine Hinweise für eine „Verunreinigung“ mit Normalzellen (wie z. B. Fibroblasten). Auch immuncytochemisch unter Verwendung eines NZK-spezifischen monoklonalen Antikörpers (genannt G 250) konnte der Nachweis erbracht werden, daß es sich bei den in vitro wachsenden Zellen um reine NZK-Zellkulturen handelt [180].

4.4 Diskussion

Seit der Beschreibung von Köhler und Milstein [115] über die Herstellung monoklonaler Antikörper wurden durch Immunisierung mit menschlichem Karzinomgewebe die unterschiedlichsten Antikörper isoliert und charakterisiert [51].

Aus klinischen Studien geht hervor, daß eine Korrelation zwischen bedeutsamen Parametern wie Tumordifferenzierung oder Rezeptorstatus und dem Nachweis bestimmter Antigene besteht [51, 128]. 1983 stellten Gerdes et al. einen Antikörper vor, der mit einem Proliferations-assoziierten Zellkernantigen reagiert [70]. Eine genaue Zellzyklus-Analyse an PHA-stimulierten Lymphozyten [72] zeigte, daß dieses so benannte Ki-67-Antigen durch alle sich aktiv im Zellteilungszyklus befindlichen Zellen exprimiert wird, nicht dagegen von Zellen in der G_0-Phase (s. Abb. 24). Dieses eröffnet die Möglichkeit, die Wachstumsfraktion in einem Gewebe mit einer relativ einfachen immunhistochemischen Technik zu bestimmen. Gerdes et al. konnten bei Non-Hodgkin-Lymphomen eine signifikante Korrelation zwischen der Kiel-Klassifikation und dem Anteil Ki-67-positiver Zellen nachweisen [71].

Die bisherigen Krankheitsverläufe der Patienten mit Nierenmalignomen, deren Proliferationsrate in vivo bestimmt wurde (s. Tabelle 28), lassen vermuten, daß die Proliferationsrate einen zusätzlich wichtigen prognostischen Faktor zur Erfassung des biologischen Potentials des Primärtumors darstellt. Daher läuft derzeit an der Urologischen Klinik der MHH eine prospektive Studie, die den prognostischen Wert der tumorspezifischen Proliferationsrate statistisch an einem größeren Patientenkollektiv erhärten soll; diese Studie bestätigt den Trend der hier beschriebenen Ergebnisse.

Staging und Grading sind morphologische Kriterien und damit statische Parameter zum Zeitpunkt der Diagnose: Die Proliferationsrate dagegen scheint den dynamischen Prozeß im Rahmen des individuell variablen biologischen Potentials widerzuspiegeln. Die Tumorausdehnung kann mit der Proliferationsrate nicht vorausgesagt werden, da sie aus der Proliferationsrate und der Zeitdauer des Tumorwachstums resultiert, wobei letzteres immer unbestimmbar bleibt.

Die Hälfte der hier untersuchten Tumoren zeigten lediglich eine Proliferationsrate bis max. 5%, die höchste Proliferationsrate wurde mit insgesamt 15% bestimmt. Wie aus zahlreichen klinischen und In-vitro-Studien bereits empirisch nachgewiesen, ist das Nierenzellkarzinom weder chemo- noch strahlentherapeutisch kurabel [108, 170]. Der Anteil der Zellen, die sich im aktiven Zellzyklus befinden, ist zu gering, um über eine Proliferationshemmung mittels konventioneller antimitotischer Substanzen eine Tumorregression zu erreichen: Bei einer Proliferationsrate von 5% bleiben 95% der Tumorzellen von Chemo- bzw. Strahlentherapie unberührt und bewirken – entgegen der Zielsetzung der jeweiligen therapeutischen Maßnahme – die Progression der Tumorerkrankung (Problem der Tumorreduktion bei langsam wachsenden Solidtumoren [40]). Solidtumoren (z. B. Hodenmalignom) bzw. myeloproliferative Malignome mit hohen Proliferationsraten über 60% zeigen dagegen (wie klinisch hinreichend bekannt) unter Zytostatika ein gutes therapeutisches Ansprechen [29, 147].

Für das Nierenzellkarzinom muß bei histologischer Identität eine funktionelle Pleomorphie [204] angenommen werden, die die Abschätzung der Prognose des individuellen Krankheitsverlaufes erschwert. So wurden für Tumoren gleichen Stadiums und Differenzierungsgrades um das 5fache unterschiedliche Proliferationsraten bestimmt (Tabelle 28: Pat. 5, Pat. 26). Da in beiden Fällen ein annähernd gleicher Tumordurchmesser vorlag (5 cm bzw. 4 cm), spricht die nachgewiesene höhere Proliferationsrate für eine gesteigerte biologische Aktivität, welche in einer schnelleren Volumenzunahme und sehr wahrscheinlich ungünstigeren Prognose Ausdruck findet.

Mit der Bromdeoxyuridin-Technik ist es ebenfalls möglich, Proliferationsraten sowohl in vitro als auch in vivo zu messen. Bromdeoxyuridin ist ein Zytostatikum, das als Nukleosid (und zwar als Derivat des Uridins) in die DNA eingebaut wird. Immunhisto- bzw. cytochemisch mit Hilfe von monoklonalen Antikörpern (gerichtet gegen Bromdeoxyuridin) ist es ebenfalls möglich, den Anteil der DNA-synthetisierenden Zellen zu erfassen. Bislang gibt es nur In-vitro-Untersuchungen beim NZK, es finden sich ähnliche Resultate wie mit der hier beschriebenen Ki-67-Methode [127].

Da es sich beim Bromdeoxyuridin um ein Zytostatikum handelt, das vor der Gewebsentnahme systemisch appliziert werden muß, ist aus ethischen Gründen die diagnostische Anwendung beim Menschen wesentlich problematischer. Deshalb sollte die Ki-67-Methode in vivo vorgezogen werden.

Die hier dargelegte Methodik zur Bestimmung der Proliferationsrate empfiehlt sich aufgrund von Praktikabilität und Objektivierbarkeit als Routineverfahren zur Erfassung der Tumorzell-Kinetik; inwieweit dies mit dem tatsächlichen klinischen Verlauf dieser Tumorerkrankung korreliert, ist Ziel einer derzeitigen prospektiven Studie.

Die nach Klon-Selektion und unter optimalen Kultivierungsbedingungen erzielten Proliferationsraten (um 90%) der in vitro wachsenden Tumorzellen erklären das in-vivo-differente intratumorale Wachstumsverhalten: Wegen der zentralen Bradytrophie und peripher (aufgrund ausreichender Vaskularisierung) günstigeren nutritiven Bedingungen ergeben sich zwangsläufig unterschiedliche Proliferationspotentiale.

In den drei folgenden Kapiteln (5, 6 und 7) wird eine neue In-vitro-Zellpräparationsmethode vorgestellt, auf der umfangreiche zytogenetische Untersuchungen beim Nierenzellkarzinom basieren.

Kapitel 5

In-vitro-Kurzzeitkultivierung sowie zytogenetische Untersuchungen beim Nierenzellkarzinom (NZK)

5.1 Einleitung

Voraussetzung für eine prädiktive In-vitro-Therapeutikaaustestung sind primär eine hohe Tumorzellangehquote sowie der tatsächliche Nachweis von Tumorzellen; diese müssen sicher von normalen Stromazellen, wie z. B. Fibroblasten, abgegrenzt werden. Darum ist zunächst eine Optimierung der Zellkulturverfahren erforderlich, um beim NZK anhand von zytogenetischen Untersuchungen tumorspezifische Chromosomenveränderungen nachweisen zu können.

5.2 Historischer Überblick

Nachdem zunächst die Bedeutung der Chromosomen für die Vererbung erkannt war, mußte geklärt werden, ob Chromosomenveränderungen im Tumor Folge oder Ursache der malignen Entartung normaler somatischer Zellen sind [20, 82]. Zu diesem Zeitpunkt waren jedoch detaillierte Untersuchungen an den Chromosomen selbst präparationstechnisch nicht möglich. Erst in den 50er Jahren brachten Fortschritte in der

1. In-vitro-Zellzüchtung,
2. Colchizinbehandlung [15] und
3. Hypotonisierung der Zellen [93]

den Durchbruch in der Zytogenetik.

Zu 1) ist hervorzuheben, daß erst die In-vitro-Zellkultivierung genetische Untersuchungen bei Solidtumoren ermöglichte, weil die Spontanmitoserate dieser Malignome in vivo zu gering und schlecht kontrollierbar ist, daß Chromosomen-Analysen direkt aus dem Biopsiematerial (also in vivo) nicht reproduzierbar durchgeführt werden können. In vitro liegt die Mitoserate deutlich höher [119]. Zu 2) und 3) ist anzumerken, daß die Colchizinblockierung des Zellteilungszyklus kombiniert mit der Hypotonisierung der Zellen – wie 1952 von T. C. Hsu eingeführt – gezielte Untersuchungen an Chromosomen ermöglichte und 1956 zur korrekten Bestimmung der Zahl menschlicher Chromosomen führte [218]:

Colchizin arretiert nach 2–6 Std. Einwirkungszeit (je nach Dosis) als Spindelgift die Zellen in dem Mitosestadium (Metaphase), in dem sich die Chromosomen optimal formiert haben und somit mikroskopisch auswertbar sind.

Durch die Hypotonisierung mit 0,075molarer Kaliumchloridlösung quellen die Zellen, ohne daß die Zellwand dadurch zerstört wird. Während der Mitose wird die Kernmembran aufgelöst, die Chromosomen richten sich an den Zentromeren zur Spindelform aus. Bei möglichst großem intrazellulären Volumen verteilen sich die Chromosomen optimal, so daß dadurch ein besseres „Austropfergebnis" (plane Verteilung der kondensierten Chromosomen auf dem Objektträger) erreicht wird. Ohne diese Hypotonisierung würden zu viele Chromosomen sich nach dem „Austropfen" auf dem Objektträger überlappen, eine zytogenetische Beurteilung würde dann unmöglich. Unmittelbar nach dieser wichtigen Entdeckung erschienen die ersten Untersuchungsergebnisse aus dem Bereich der klinischen Tumorzytogenetik: 1960 beschrieben Nowell und Hungerford [152] eine spezifische Chromosomenveränderung bei der chronisch-myeloischen Leukaemie (CML), das sogenannte „Philadelphia-Chromosom".

In den 60er Jahren wurde ebenfalls eine große Zahl anderer Tumoren zytogenetisch untersucht. Die Chromosomen wurden jedoch nur nach Länge und Zentromerposition eingeteilt. Da man einzelne Chromosomen noch nicht eindeutig identifizieren konnte, war es auch nicht möglich, Strukturveränderungen innerhalb des Chromosoms wahrzunehmen. Nur numerische und grobe morphologische Veränderungen ließen sich ausmachen. Spezifische Aberrationen in menschlichen Tumoren entzogen sich nach wie vor einer genaueren Untersuchung.

Eine Wende brachte erst die Entwicklung verschiedener Bänderungstechniken: QFQ (Quinacrine-Fluoreszenz)-, GTG (Trypsin Giemsa)- und CBG (Centromeric-Barium-Hydroxid-Giemsa)-Färbung [28, 199, 210].

Mit Hilfe dieser Bänderungsmethoden ließ sich das Philadelphia-Chromosom als durch Deletion verändertes Chromosom 22 identifizierern [27]. So konnte auch nachgewiesen werden, daß dem Philadelphia-Chromosom nicht eine einfache Deletion, sondern eine balancierte Translokation zwischen Chromosom 9 und 22 zu Grunde liegt [188].

Mit der gleichen Methode fanden Manolov und Manolova beim Burkitt-Lymphom eine 14q + Aberration [135].

Im Gegensatz zu Leukaemien und Lymphomen (hohe Mitoserate in vivo) waren zytogenetische Untersuchungen an soliden Tumoren auch noch in den 70er Jahren recht schwierig und daher rar, denn aus Direktpräparationen von soliden Tumoren erhielt man nur wenige mitotische Zellen, und auch die Chromosomen-Morphologie war oft durch starke Kontraktion der Chromosomen beeinträchtigt (daraus resultiert eine schlechte, unzureichend reproduzierbare Bänderung). Solche Metaphasen waren meist nicht eindeutig zu interpretieren.

Erst molekularbiologische Untersuchungen brachten letztlich neue Impulse: Mit zunehmender Kenntnis der Lokalisation und Funktion von zellulären Onkogenen oder Protoonkogenen erfuhr die klassische Tumorzytogenetik wichtige Ergänzungen. So führte die Kombination molekulargenetischer und zytogenetischer Methoden zum Verständnis der Bedeutung der Chromosomentranslokation für die Onkogenaktivität in der Krebsentwicklung. Und letztlich ermöglichte die Einführung neuer Präparationstechniken wie die Collagenasebehandlung und Kurzzeitkultivierung des nativen Gewebes aus soliden Tumoren [219] auch beim Nierenzell-Karzinom eine detailliertere Untersuchung hinsichtlich Chromosomenanalyse und Karyotypisierung.

5.3 Bisher bekannte Chromosomenaberrationen in soliden Tumoren

Wie bereits erläutert, sind chromosomale Untersuchungen in soliden Tumoren limitiert, solange man auf spontane Mitosen in der Direktpräparation angewiesen ist. Die Ergebnisse über spezifische Chromosomenveränderungen sind entsprechend spärlich (Tabelle 29).

Zu den zytogenetisch am besten untersuchten Solidtumoren gehören die sogenannten dysonkogenetischen Tumoren wie Retinoblastom,

Tabelle 29. Chromosomenaberrationen in soliden Tumoren

Tumor	
Retinoblastom	del(13)(q14)
Wilms-Tumor	del(11)(p13)
Neuroblastom	del(1)(p31p36)
Ewing-Sarkom	t(11;22)(q24;q12)
Parotis-Adenome	t(3;8)(p25;q21)
Meningeom	−22, del (22q)

Wilms-Tumor und Neuroblastom. Die Daten für diese drei Tumortypen und auch für das Ewing-Sarkom beruhen auf mehreren unabhängigen Beobachtungen. Damit sind die Ergebnisse als relativ gut untermauert anzusehen:

Das Retinoblastom und auch der Wilms-Tumor entstehen beide unilateral oder bilateral, ein hereditäres Auftreten ist nicht obligat. Einzelne Patienten mit Retinoblastom oder Wilms-Tumor weisen eine konstitutionelle Chromosomenanomalie auf: Beim Retinoblastom eine interstitielle Deletion am Chromosomen 13 [114], beim Wilms-Tumor eine interstitielle Deletion am Chromosomen 11 [67]. Diese zytogenetischen Ergebnisse sowie molekulargenetische Untersuchungsbefunde lassen vermuten, daß die Deletionen in den benannten Regionen einen primären, vielleicht sogar kausalen Vorgang in der Entwicklung des jeweiligen Tumors darstellen.

1979 beschrieben Cohen et al. [35] in einer Familie mit einer signifikanten Häufung von Nierenzell-Karzinomen eine bei jedem Familienmitglied aufgetretene konstitutionelle Chromosomen-Aberration in Form einer balancierten Translokation 3;8. 1982 beobachteten Pathak et al. [160] bei einem weiteren Fall familiärer Nierenzell-Karzinome im metastasierenden Tumor eine Translokation 3;11, jedoch ohne konstitutionelle Chromosomen-Aberration.

1984 gelang Ferti-Passantonopoulou et al. [55] die Chromosomen-Analyse eines Nierenzell-Karzinoms mit Direkt-Präparationstechnik; wie zu erwarten, war das Chromosomenbild nur vage zu interpretieren. Es wurden Chromosomen-Anomalien festgestellt, darunter eine Translokation zwischen den Chromosomen 3 und 17.

In den weiteren Ausführungen dieses Kapitels gilt es zu klären, welches In-vitro-Zellpräparationsverfahren möglichst reine Tumorzellpopulationen liefert, was eine Voraussetzung für weitergehende Untersuchungen (z. B. In-vitro-Therapeutikaaustestung) darstellt.

5.4 Material und Methode

10 Nierenzell-Karzinome wurden untersucht.

Die Gewinnung des Operationspräparates erfolgte jeweils durch transperitoneale radikale Tumornephrektomie (en-bloc-Präparat mit Niere, Nebenniere, perirenalem Fettgewebe, einschließlich der Gerotaschen Fascie sowie der regionären Lymphknotenstationen). Das Material wurde unmittelbar postoperativ wie folgt präpariert: Unter Berücksichtigung der Anatomie und der Tumorausbreitung wurde der Tumor auf-

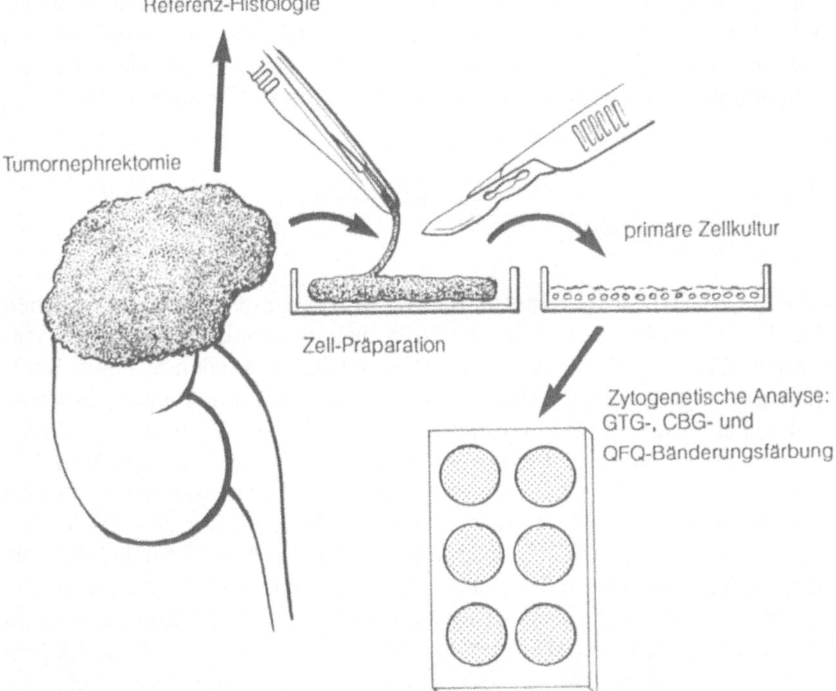

Abb. 31. Schematische Darstellung der Tumorzellpräparation

geschnitten und fotografiert (s. Abb. 2 und 3). Tumorlokalisation, Ausbreitung, Infiltration sowie Gefäßeinbruch wurden makroskopisch erfaßt und protokolliert. Das Material für die zytogenetische Untersuchung stammte aus einem möglichst homogenen, repräsentativen Tumorareal. Ein Teil dieses Areals wurde für die Referenzhistologie in Formalin fixiert, der andere Teil wurde für die Gewebekulturen weiter aufgearbeitet. Das gesamte übrige Operationspräparat wurde ebenfalls in Formalin fixiert und anschließend histologisch befundet; Abb. 31 zeigt schematisch den Ablauf der Tumorzellpräparation.

Die histologische Diagnosestellung und Klassifizierung erfolgte als Routineverfahren im Institut für Pathologie der MHH (Dir.: Prof. Dr. A. Georgii).

Folgende Färbungen wurden durchgeführt:

1. Hämatoxilin-Eosin (HE),
2. Periodic Acid Schiff (PAS),
3. Goemoeri.

Die von jedem Präparat angefertigten Referenzschnitte wurden nach der Formalin-Fixierung in Paraffin eingebettet und mit Hämatoxilin-Eosin gefärbt. Diese Präparate waren das histologische Äquivalent für die Chromosomen-Analyse des in Kultur gebrachten Tumorgewebes.

5.4.1 Methode der Kurzzeitkultivierung von Nierenzell-Karzinomen (NZK)

Die 10 Nierenzell-Karzinome (NZK) wurden mit zwei verschiedenen Methoden präpariert: Einzelzellsuspension versus Zell-Cluster-Methode. Das Tumorgewebe wurde unter sterilen Kautelen mit zwei Skalpellen weitgehendst mechanisch zerkleinert, bis annähernd Gewebsstückchen von 2–3 mm^3 vorhanden waren. Dies erfolgte in einer Petrischale zusammen mit RPMI-1640 als Medium. Dann wurde in PBS-Lösung zweimal gewaschen. Diese Gewebsbröckchensuspension, befreit von nekrotischem Material, wurde anschließend für 30–60 min bei 37 °C zusammen mit 0,2% Collagenase (Worthington CLS III) inkubiert und in RPMI-1640-Medium mit 15%igem fetalem Kälberserum (FCS) suspendiert. Anschließend erfolgte die zweimalige Waschung, wiederum in RPMI-1640-Medium, unter Zusatz von 15% FCS. Nach kräftigem Durchpipettieren wurde die Sedimentation abgewartet. Der Überstand mit den Einzelzellen wurde in Zell-Kulturflaschen gebracht (*Kultivierungsmethode A*), das Pellet mit den Zellklumpen in eine separate Kulturflasche (*Kultivierungsmethode B*) transferiert.

Als Zell-Kulturgefäße benutzten wir 25 cm^2 große Falcon-Fläschchen. Die in die Flaschen transferierten Zellen wurden mit 3 ml Kulturmedium (RPMI-1640 mit 15% FCS) aufgefüllt.

In einem Brutschrank mit 5%-CO_2-Begasung erfolgte die Inkubation unter konstanter Temperatur von 37 °C; Abb. 32 zeigt einen typischen Zell-Cluster am 3. Tag der In-vitro-Zellkultivierung mit gutem Anwachsen der Tumorzellen.

Die Überprüfung der Zellkulturen erfolgte mit zwei verschiedenen Methoden:

1. Vergleich der In-vitro-Zellmorphologie (Phasenkontrast) mit der konventionellen Referenz-Histologie.
2. Chromosomen-Analyse mit Bänderungstechnik: Diese erfolgte am 3.–7. Tag der primären Zellkultivierung in Abhängigkeit von der Wachstumsrate der Tumorzellen. Folgende Präparationsschritte waren erforderlich: 30–60 min Inkubation mit 0,1 µg/ml Colchizin oder für 2–3 Std. mit 0,02 µg/ml Colcemid, Ablösen der Zellen vom Boden der Kulturflaschen mittels 0,025% Trypsin-EDTA-Lösung, für 20–

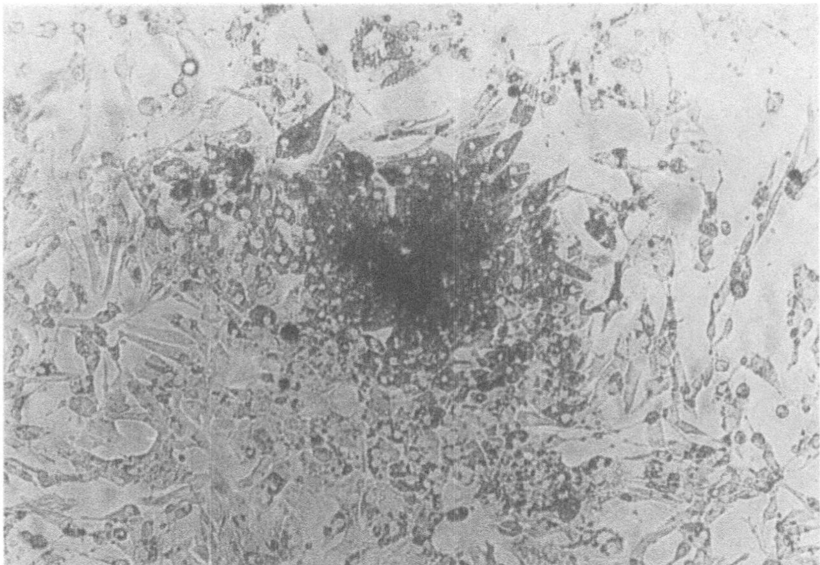

Abb. 32. Zellcluster am 3. Tag der In-vitro-Kultivierung mit gutem Auswachsen der Tumorzellen; ungefärbt, Phasenkontrastmikroskop, Vergr. 160:1

25 min Hypotonisierung mit 0,075 molar KCl-Lösung, anschließend Fixierung mit Methanol-Eisessig (im Verhältnis 3:1).

Die Chromosomen-Präparation erfolgte durch Lufttrocknungstechnik. Die Präparate wurden bei Raumtemperatur für 3–7 Tage aufbewahrt, bevor die Bänderungsfärbung angeschlossen wurde. Zur Karyotypisierung wurde routinemäßig die GTG- [199], CBG-Technik [210] sowie zusätzlich die QFQ-Technik [28] zwecks Identifizierung des Y-Chromosomens angewandt (vgl. dazu S. 90).

Jede gut gefärbte Metaphase wurde gemäß der ISCN (International System for Human Cytogenetic Nomenclature (1985)) karyotypisiert. Diploide Metaphasen wurden als normale Stromazellen, aneuploide bzw. Metaphasen mit Chromosomen-Aberrationen als Tumorzellen bewertet.

5.5 Ergebnisse der Kurzzeitkultivierung von NZK

Abbildung 33a zeigt die Referenz-Histologie eines typischen sog. hellzelligen oder Grawitz-Tumors mit wasserhellen Zellen und kleinen pyknoti-

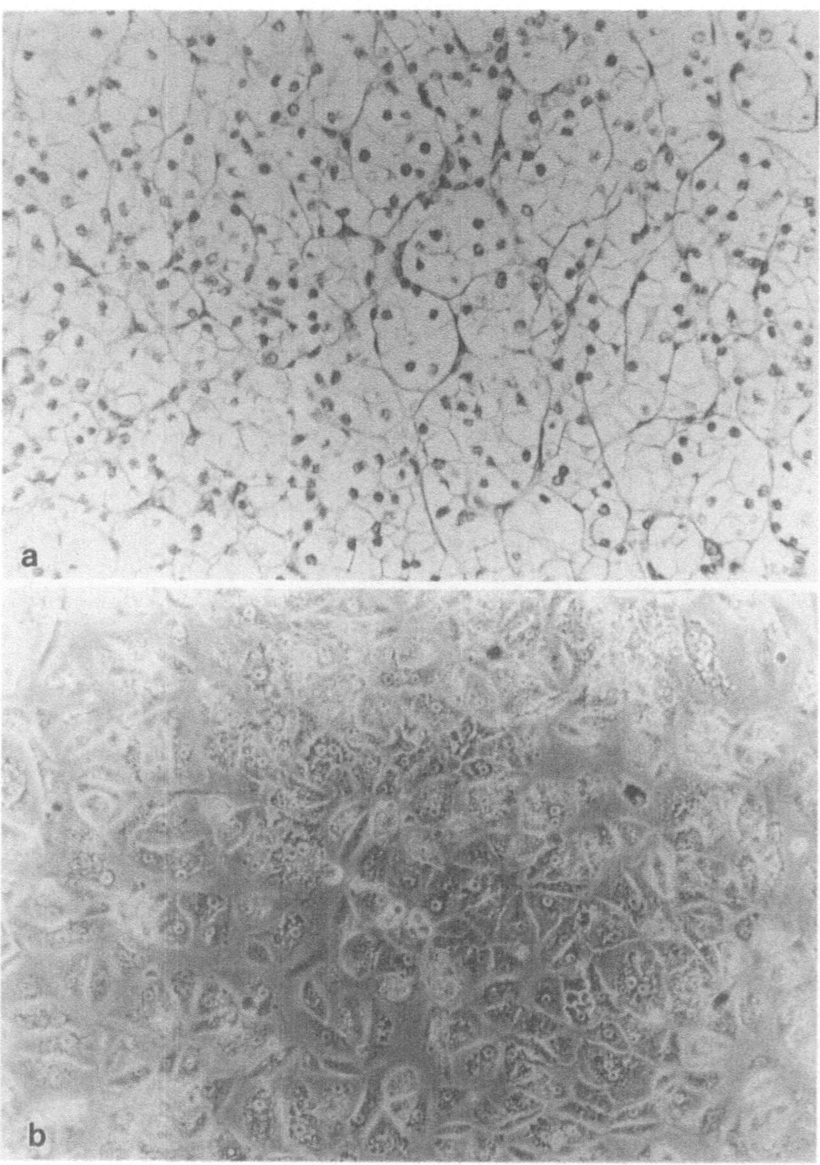

Abb. 33. **a** Referenz-Histologie eines hellzelligen Nierenzellkarzinoms (Grawitz-Typ): Pflanzenzellähnliche Struktur mit kleinen, pyknotischen Zellkernen; HE, Vergr. ca. 200:1. **b** Die dazu korrespondierende primäre In-vitro-Zellkultur; ungefärbt, Phasenkontrastmikroskop, Vergr. ca. 200:1

schen Zellkernen, Abb. 33b ist die dazu korrespondierende primäre In-vitro-Zellkultur. Abbildung 34a zeigt ein entsprechendes histologisches Beispiel eines papillären Nierenzell-Karzinoms: Die sehr breiten Zellen enthalten feingranuliertes Zytoplasma mit vereinzelt kleinen runden pyknotischen Zellkernen. Entsprechend stellt Abb. 34b die dazu korrespondierende primäre In-vitro-Zellkultur dar. Als histologisches Beispiel eines sarkomatösen Nierenzell-Karzinoms ist Abb. 35a aufgeführt, Abb. 35b ist die dazu entsprechende primäre In-vitro-Zellkultur.

Wie man in den Bildern der In-vitro-Zellkulturen sehen kann, bestehen die Kulturen ausschließlich aus Tumorzellen, es findet sich kein Hinweis auf Fibroblasten-Wachstum. Fibroblasten wurden nur selten in den primären Zellkulturen und überhaupt nicht mehr in den weiteren Subpassagen beobachtet.

In Tabelle 30 ist die Anzahl der Metaphasen in der Einzelzellsuspension (Methode A) sowie in der Zellklumpen-Kultur (Cell-Cluster-Methode = Methode B) aufgelistet. Es zeigt sich bei der Cell-Cluster-Methode eine höhere Ausbeute an Metaphasen bei fehlenden rein-diploiden (also chromosomal unveränderten) Metaphasen gegenüber der Einzelzellmethode.

Tabelle 30. Vergleich der Metaphasen zwei verschiedener Präparationsmethoden: Einzelzellmethode (*A*) und Cell-Cluster-Methode (*B*)

Tumor-Typ, Grading	Präparationsmethode	
	A	B
1. NZK, hellzellig-tubulär, G1	1	5
2. NZK, hellzellig-solid, G2	6 (6)*	4
3. NZK, granulär-papillär, G2	3	19
4. NZK, hellzellig-trabekulär, G2	11 (9)	6 (3)
5. NZK, granulär-trabekulär, G2	5 (3)	4
6. NZK, gemischtzellig-papillär, G2	4 (3)	2
7. NZK, sarkomatös, G3	4 (4)	2
8. Nierenonkozytom	4	21
9. NZK, hellzellig-trabekulär, G1	2 (2)	2
10. NZK, gemischtzellig-trabekulär, G2	–	2

Zur Erläuterung: * = in Klammern wird die Anzahl der diploiden, chromosomalunveränderten Metaphasen genannt als Indiz für das Vorhandensein von Normalzellen (Stromazellen) in der Primärkultur

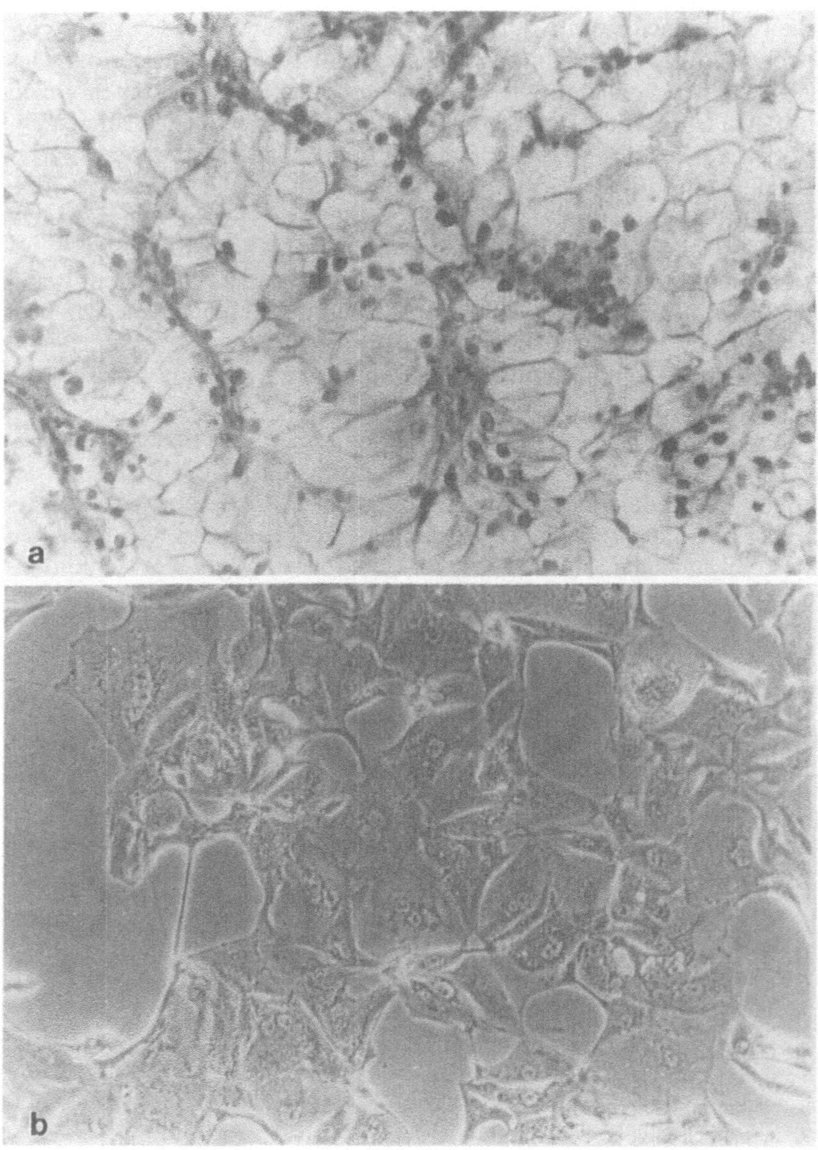

Abb. 34. a Referenz-Histologie eines granulär-papillären Nierenzellkarzinoms: die sehr großen, polygonalen Tumorzellen enthalten im Zytoplasma feine, eosinophile Granula und vereinzelt finden sich kleine, runde, pyknotische Zellkerne; HE, Vergr. ca. 200:1. **b** Die dazu korrespondierende primäre In-vitro-Zellkultur; ungefärbt, Phasenkontrastmikroskop, Verg. ca. 200:1

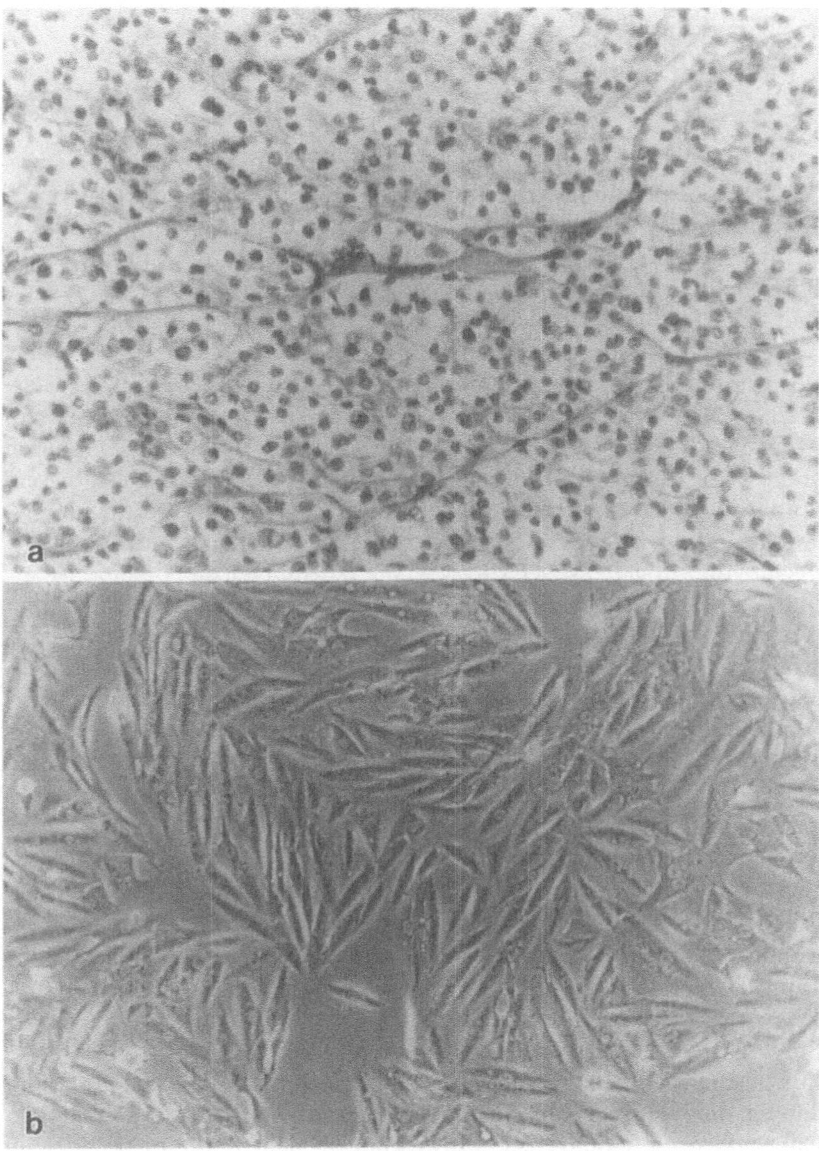

Abb. 35. a Referenzhistologie als Beispiel eines sarkomatösen Nierenzellkarzinoms: spindelförmige Tumorzellen mit schmalem, langgezogenen Zytoplasmasaum (Spindelzell-Typ) und kleinen, pyknotischen Zellkernen; HE, Vergr. ca. 200:1. **b** Die dazu korrespondierende primäre In-vitro-Zellkultur; ungefärbt, Phasenkontrastmikroskop, Vergr. ca. 200:1

5.6 Diskussion der Ergebnisse der Kurzzeitkultivierungsmethoden beim NZK

NZK-Zellen reagieren sowohl gegenüber mechanischer als auch enzymatischer Behandlung sehr empfindlich. In Einzelzellkulturen werden die Tumorzellen sehr schnell von Fibroblasten überwuchert. Die Tumorzellen zeigen häufig Tendenzen zur „Ausdifferenzierung" und sind somit für weitere Untersuchungen weniger geeignet [103, 162] (s. Anhang zu Kap. 8, S. 114).

Wie in Tabelle 30 ersichtlich, ist die Einzelzellsuspension (Methode A) weniger für die Tumorzell-Kultivierung geeignet als die Cell-Cluster-Methode (Methode B) mit ihrer höheren Ausbeute an Metaphasen. Aufgrund des deutlich höheren Anteils normaler diploider Metaphasen in der Einzelzellsuspension ist die Annahme berechtigt, daß bei diesem Präparationsverfahren eine schwer kontrollierbare „Verunreinigung" durch Normalzellen bzw. Stromazellen erfolgt. Die besondere Schwierigkeit von zytogenetischen In-vivo-Untersuchungen an Nierenzell-Karzinomen liegt hauptsächlich darin, daß nur ein verschwindend kleiner Prozentsatz der Tumorzellen eine mitotische Aktivität zeigt. Der weitaus größte Teil ist damit für die Direktpräparation – wie bereits erläutert – ungeeignet. Die Zellisolierung mittels alleiniger Trypsinbehandlung ergibt sehr viel Zelldetritus, und neben vereinzelten Tumorzellen verbleiben sehr viele Stromazellen in der Zellsuspension. Deshalb mußte zusätzlich eine kombinierte mechanisch-enzymatische Technik ausgearbeitet werden.

Entsprechend dem beschriebenen Präparationsverfahren der Cell-Cluster-Methode konnte die Angehquote für Nierentumorzellen in der Primärkultur auf etwa 90% verbessert werden [179], dagegen liegt im Clonogenic-Assay-Verfahren (= Einzelzell-Suspensionsverfahren) die Tumorkolonie-Etablierungsrate um 50–60% [231]. Nach eigener Einschätzung führt im Clonogenic-Assay die relativ lange proteolytische Einwirkung der Collagenase bei der Herstellung von Einzelzell-Suspensionen offensichtlich zu einer unmittelbaren starken Zellmembranschädigung; dies würde die deutlich schlechtere In-vitro-Angehrate erklären. Daher wird die Collagenase-Einwirkung in dem Stadium beendet, in dem sich die Zellen noch in einem Verband von 10–20 Zellen befinden (sog. Cell-Cluster-Methode). Dieser „Coating-Effekt" schützt vermutlich die zentral im Verband liegenden Zellen vor der Proteolyse. Wahrscheinlich sind deshalb mit diesen vitalen Tumorzellen bessere Angehquoten zu erzielen. Als Beispiel ist in Abb. 32 (s. S. 81) ein Cell-Cluster am 3. Tag der Zellkultivierung zu sehen. Eindrucksvoll ist das Auswachsen der Tumorzellen aus dem Cluster im Umkehrmikroskop (Phasenkontrast) zu beobachten. Eigene immuncytochemische Untersuchungen belegen, daß nach der hier beschriebenen Präparationstechnik reine NZK-Zellkulturen in vitro wachsen [180].

Die nach kombinierter enzymatisch-mechanischer Behandlung gut proliferierenden, auch nach den ersten Zellpassagen reinen Tumorzellkulturen sind für zellbiologische In-vitro-Untersuchungen gut geeignet. Dies gilt insbesondere für Chromosomenanalysen und für eine tumorspezifische In-vitro-Sensitivitäts-Austestung (z. B. mit Zytostatika), wie dies an anderer Stelle in dieser Arbeit näher erläutert ist (s. Kap. 8).

Nach Etablierung dieser Zellkultivierungsmethode war es nunmehr möglich, 25 konsekutive Fälle von Nierenzellkarzinomen zytogenetisch aufzuarbeiten, wie im nächsten Kapitel beschrieben.

Kapitel 6

Chromosomen-Analyse beim NZK

6.1 Einleitung

Wie bereits erläutert (s. Kap. 5), sind Chromosomen-Präparationen direkt aus Biopsie-Material (also in vivo) beim NZK deshalb nicht auswertbar, weil – wie für Solidtumoren typisch – keine ausreichende Anzahl von Tumorzellen in Mitose vorgefunden wird. Erst die Einführung neuer Präparationsmethoden, wie die Collagenase-Behandlung und die Kurzzeitkultivierung des nativen Gewebes, ermöglichen hier nunmehr eine systematische, reproduzierbare zytogenetische Analyse mit gleichzeitiger Karyotypisierung der Tumorzellen (s. 5.3).

Anhand der hier beschriebenen Untersuchungen gilt es, folgende Fragen zu klären:

1. Läßt sich eine für das Nierenzellkarzinom spezifische Chromosomen-Aberration nachweisen?
2. Gibt es eine Regel für die klonale, zytogenetische Entwicklung von Nierenzellkarzinomen?
3. Gibt es eine Korrelation zwischen histologischem Staging bzw. Grading und Chromosomen-Aberrationen?

6.2 Material und Methode

Das Präparationsverfahren, einschl. Bänderungsfärbung zur Karyotypisierung der Nierentumorzellen, ist in 5.4.1 (S. 80) ausführlich beschrieben.

Insgesamt wurden 25 verschiedene – einschließlich der 10 bereits in Kap. 5 aufgeführten – Tumoren analysiert.

Zur Bestimmung des somatischen Karyotyps der Patienten erfolgte die chromosomale Untersuchung an Zellen des normalen Nierengewebes, nach der gleichen Methode in vitro präpariert wie die Tumorzellen. Meist findet sich noch ausreichend gesundes Nierengewebe am Nephrektomiepräparat (s. dazu Abb. 2 und 3). Nur bei Patienten, wo dies nicht mehr gegeben war, wurde abweichend eine Lymphozytenkultur angelegt.

Nach 3–7 Tagen der In-vitro-Kultivierung (dies gilt sowohl für Tumorzellen als auch für normale Nierenzellen) erfolgte die Inkubation mit Colchizin und anschließender Hypotonisierung sowie Lufttrocknung als Vorbereitung für die Bänderungsfärbung (s. 5.4.1, S. 81).

Die Metaphasen wurden ebenfalls gemäß der GTG-, CBG- und gegebenenfalls QFQ-Technik gefärbt. Mehr als 15 Metaphasen wurden auf diese Weise pro Patient karyotypisiert.

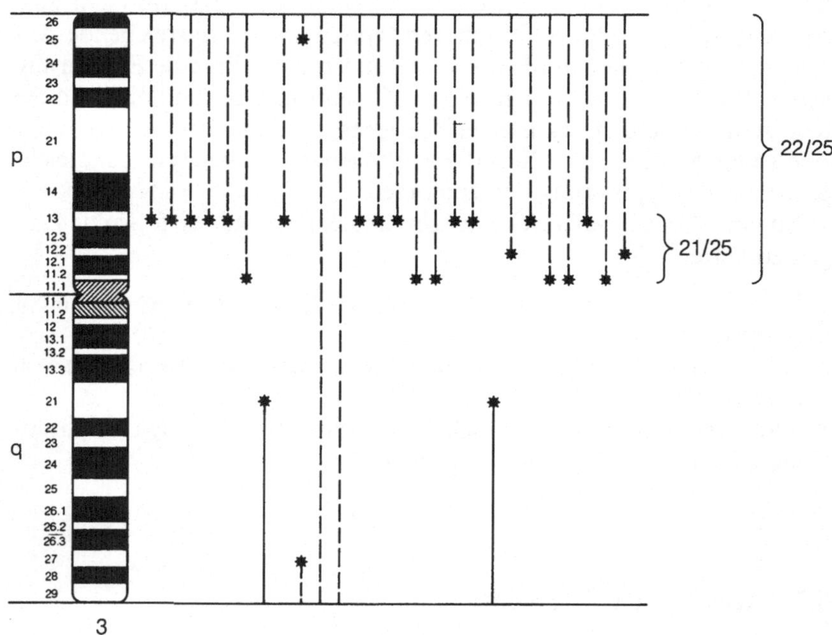

Abb. 36. Schematische Darstellung eines normalen Chromosoms 3. Die Anzahl der Linien symbolisiert die Anzahl der untersuchten Fälle*. Durchgezogene Linien bedeuten Gewinn einer entsprechenden Region, unterbrochene Linien bedeuten Verlust einer entsprechenden Region am Chromosom. Die Länge der Linien entspricht dem jeweiligen betroffenen Segment. Die Bruchstelle (‚Break-Point‘) ist mit einem Sternchen markiert

---

* **Anmerkung:** Wie aus Tabelle 18 ersichtlich, konnten aus einer Niere von einem dieser 25 Patienten 2 verschiedene Tumoren isoliert werden, die auch zytogenetisch different waren. Deshalb ergeben sich 26 verschiedene zytogenetische Befunde.

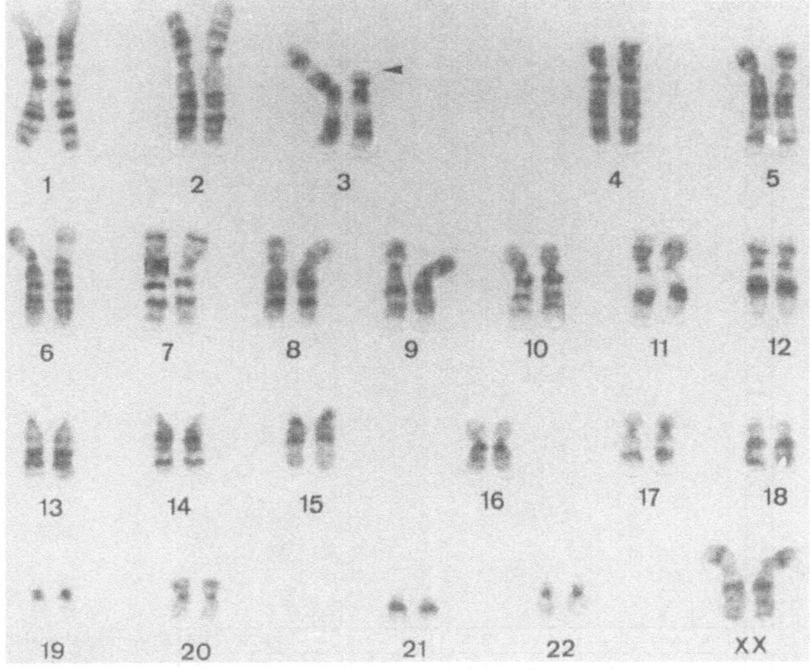

Abb. 37. Karyogramm (G-Bänderung) einer Tumorzelle vom Fall HA 245/1: Deletion am kurzen Arm von Chromosom 3 in der p 13-Region

6.3 Ergebnisse der Chromosomen-Analysen

Die Chromosomenzahlen von 23 Nierenzellkarzinomen waren diploid oder annähernd diploid mit nur wenigen strukturellen Veränderungen:

- 22 Fälle (88%) zeigten eine Aberration am kurzen Arm des Chromosoms 3 (Deletion von 3 p);
- bei 21 Tumoren (84%) lag die Aberration im Bereich 3 p 11 – p 13;
- in einigen Fällen fand sich zusätzlich eine Translokation von verschiedenen Chromosomen-Segmenten auf das durch Deletion veränderte Chromosom 3.

Zur Verdeutlichung bringt Abb. 36 eine schematische Darstellung des normalen humanen Chromosoms 3; Abb. 37 zeigt im Karyogramm eine typische Aberration mit Deletion des kurzen Arms am Chromosom 3; Abb. 36 und 38 geben einen Überblick der beobachteten strukturellen

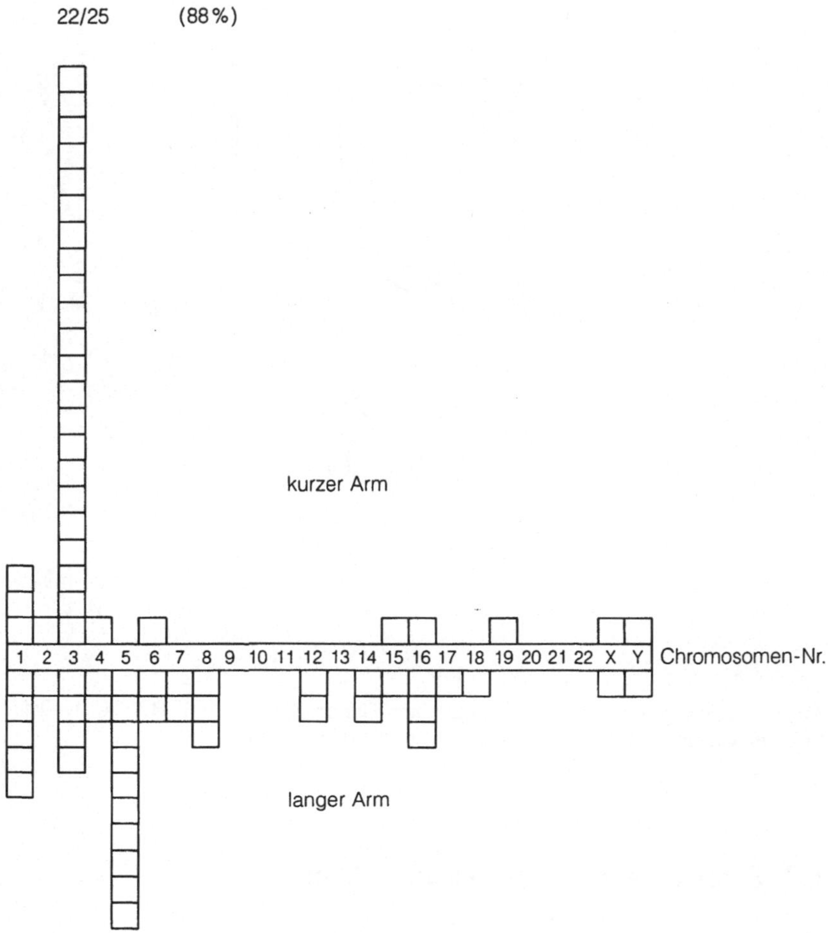

Abb. 38. Schematische Darstellung der Häufigkeit der *strukturellen* Chromosomenaberrationen. Die Zahlen 1 bis 22 sowie X und Y symbolisieren die einzelnen Chromosomen. Nach oben dargestellt ist eine Veränderung am kurzen Arm, nach unten eine Veränderung am langen Arm des jeweiligen Chromosoms. Die Anzahl der Quadrate entspricht der Anzahl der Fälle

Chromosomenveränderungen bei allen 25 untersuchten Nierenzellmalignomen. Die Karyotypisierung der Kontrollzellen (normale Nierenzellen oder Lymphozytenkulturen) war stets frei von chromosomalen Veränderungen.

Tabelle 31 bringt eine Zusammenstellung der erhobenen zytogenetischen Befunde sowie des histologischen Gradings und Stagings. Eine

Tabelle 31. Klinische, histologische und zytogenetische Befunde bei 25 Patienten mit Nierenzellkarzinomen

Tumor Nr.*	Tumor-Durchmesser (cm)	TNM-Staging	Grading (G –)	Modale Chromosomenzahl	Zahl der Chromosomenaberrationen	Alter/Geschlecht
HA 117	5	pT2, N0, MX, V0	1	46	2	56/F
HA 188	4,5	pT2, N0, MX, V0	1	44	2	32/M
HA 194	2,4	pT1, N0, MX, V0	1	45	1	53/M
HA 221	5,5	pT2, N0, MX, V0	1	48	–	50/M
HA 245/1	5,8	pT2, N0, MX, V0	1	46	1	74/F
245/2	0,7	pT1, N0, MX, V0	1	45	2	
HA 210	15	pT3, N1, MX, V1	2	46	3	48/M
HA 211	18	pT3, N0, MX, V1	2	45	3	68/F
HA 214	9	pT3, N0, MX, V1	2	48	5	75/F
HA 215	5,5	pT2, N0, MX, V0	2	62	2	71/F
HA 223	10	pT2, N0, MX, V0	2	45	1	66/M
HA 225	7	pT3, N0, MX, V2	2	46	1	74/F
HA 228	4,5	pT2, N0, MX, V0	2	45	–	79/M
HA 230	6,5	pT3, N0, MX, V1	2	41	2	82/M
HA 267	4	PT2, N0, MX, V0	2	44	1	75/M
HA 269	5,5	pT2, N0, MX, V0	2	46	2	72/M
HA 273	4	pT2, N0, MX, V0	2	45	2	73/M
HA 281	5,9	pT2, N0, MX, V0	2	45	2	72/F
HA 284	10	pT3, NX, MX, V0	2	45	4	79/F
HA 290	3	pT1, NX, MX, V0	2	44	3	63/F
HA 312	6,5	pT2, N0, MX, V1	2	44	2	49/M
HA 319	6	pT3, NX, MX, V1	2	46	1	75/F
HA 320	4,2	pT2, NX, MX, V0	2	46	1	50/M
HA 271	4,1	pT2, N0, MX, V0	3	45	3	67/M
HA 299	5,8	pT3, N0, MX, V1	3	78	1	48/M

* Anmerkung: Das Tumorgewebe wurde in Zuordnung zu den jeweiligen Patienten mit HA (für Hannover) als Abkürzung bezeichnet und durchnummeriert.

Korrelation zwischen strukturellen und numerischen Aberrationen und histologischem Differenzierungsgrad bzw. Tumorstadium konnte nicht beobachtet werden.

Als erwähnenswerte Einzelbeobachtung fiel ein Patient mit zwei verschiedenen Tumoren in derselben Niere auf (HA 245/1 und 245/2, Tabelle 31): der zweite (kleinere) Tumor dieser Niere hatte lediglich einen Durchmesser von 0,7 cm und war zytogenetisch vom größeren Tumor deutlich verschieden. Somit ist der kleinere Tumor sehr wahrscheinlich *nicht* als Metastase des größeren Tumors, sondern als koinzidenter, unabhängiger Zweittumor anzusehen.

6.4 Diskussion

Insgesamt beurteilt fanden sich in 22 (88%) der 25 Tumoren drei verschiedene Veränderungen an Chromosom Nr. 3:

1. Verlust des gesamten Chromosoms 3,
2. Verlust des kurzen Armes von 3p, *ohne* Translokation,
3. Deletion *mit* Translokation von anderen Chromosomen auf das durch Deletion veränderte Chromosom 3 am Abschnitt p.

In nahezu allen Fällen zeigten sich diploide Chromosomensätze mit vereinzelten, strukturell veränderten Chromosomen. In 84% (21/25) der untersuchten Nierenzellkarzinome war in der Region 3p11.2–p13 der ‚Break-Point' am Chromosom 3. In einigen dieser Tumoren war die Deletion 3p die einzige beobachtete Chromosomenaberration. Andere Tumoren zeigten zusätzlich noch weitere strukturelle und numerische Aberrationen, aber weiterhin diese Deletion 3p.

Offensichtlich ist der Verlust des Chromosomensegmentes 3p (3p11.2–p13) die erste zytogenetisch sichtbare Chromosomenveränderung des NZK (s. Abb. 37). Deshalb wird im Falle des NZK das Chromosom 3 als ‚Marker-Chromosom' bezeichnet. Weitere Aberrationen scheinen erst in der Folge zu entstehen. Die Bedeutung solcher Sekundär-Aberrationen ist noch ungeklärt. Eine daraus resultierende Hypothese für die Tumorgenese des NZK wurde bereits ausführlich von Kovacs et al. beschrieben [119]: Auf dem benannten Abschnitt von Chromosom 3 wird ein rezessives „Control-Gen" vermutet, das für die Wachstumsregulation und Differenzierung von normalen Tubuluszellen der Niere verantwortlich sein könnte. Verlust dieses Gen-Abschnittes könnte dann möglicherweise zum unkontrollierten Wachstum von Nierentubuluszellen mit der Ausbildung eines Malignoms führen. Da in drei Fällen von 25 Nierentumoren keine Veränderung am Chromosom 3 registriert wurde, ist zu vermuten, daß die Mutation bzw. der DNA-Verlust im submikroskopischen Bereich liegen könnte, wie bereits analog beim Retinoblastom [30, 49] und beim Wilms-Tumor [54, 174] beschrieben: Phänomen der Punktmutation.

Durchflußzytophotometrische Untersuchungen aus Biopsiematerial ergaben, daß die DNA-Ploidie des NZK nicht mit dem histologischen Staging, jedoch mit dem Differenzierungsgrad des Tumors (Grading) korreliert und somit für die Prognose des korrespondierenden Patienten einen zusätzlichen Parameter darstellt [10, 134, 198]. Anhand der hier dargelegten Daten ließ sich eine derartige Korrelation zwischen histologischem Staging und Grading und der Anzahl der Chromosomenaberrationen jedoch nicht nachweisen.

Die zuvor beschriebene Karyotypisierung der Nierenzellkarzinome ergab keine so ausgeprägte Aneuploidie, wie sie in DNA-durchflußzytophotometrischen Arbeiten beschrieben wurde: 40% der In-vivo-Biopsien zeigten einen aneuploiden DNA-Gehalt [134].

Möglicherweise liegt die Erklärung darin, daß in den für zytogenetische Untersuchungen notwendigen In-vitro-Zellkulturen aneuploide Zellklone schlechtere Wachstumschancen haben als euploide Zellen. Gegenüber nativem (also In-vivo-) Zellmaterial würden dadurch andere Verhältniszahlen zwischen polyploiden Zellen und solchen mit normalem Chromosomensatz zustande kommen. Daß der Durchflußzytophotometrie nicht der Vorrang gegeben werden kann, liegt an den ihr eigenen methodischen Schwierigkeiten:

1. „Verunreinigung" durch Normalzellen, da eine Selektion von Normal- und Tumorzellen nicht stattfindet;
2. Zusammenklumpen von zwei oder mehreren Zellkernen [45].

Diese technischen Schwierigkeiten werden bei der DNA-Feulgen-Einzelzell-Zytophotometrie umgangen, allerdings auf Kosten einer geringeren Zellzahl-Analyse. Das MIAC-System (Modular Image Analysis Computer, Leitz (Wetzlar)), ist ein derartiger Meßplatz zur DNA-Einzelzell-Zytophotometrie.

Dieses System basiert auf einem automatisierten Mikroskop, einem Bildanalysegerät und einem Bildspeicher [45, 213]. Die automatisierte

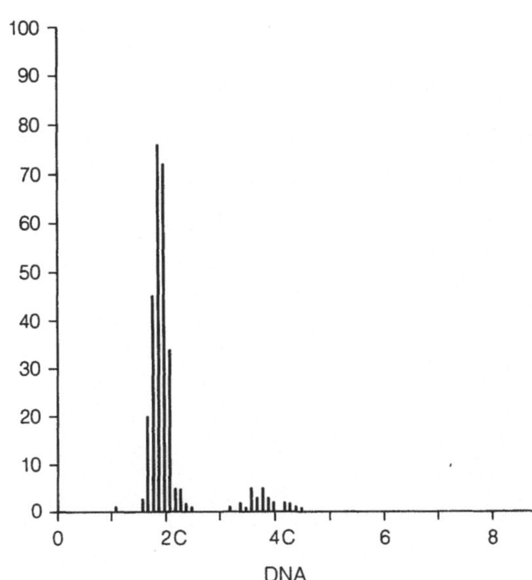

Abb. 39. DNA-Histogramm eines euploiden Nierenzellkarzinoms

Bildanalyse resultiert aus der Auswertung des Kernabsorptionsbildes. Während der Analyse werden durch Algorithmen Artefacte (überlappende Zellkerne, Leukozytengruppen usw.) eliminiert. Alle übriggebliebenen Zellen werden anschließend in Bild-„Memories“ gespeichert und zur visuellen Kontrolle auf einem Fernsehbild aufgezeigt.

Untersuchungen mit dieser Methode zeigen einen hohen Anteil an Euploidie des NZK in vivo, unabhängig vom Differenzierungsgrad: 64% (14/22) (5); Abb. 39 zeigt ein repräsentatives Beispiel eines DNA-Histogramms eines euploiden NZK.

Zusammenfassend lassen sich die eingangs gestellten Fragen wie folgt beantworten:

Beim NZK lassen sich spezifische Aberrationen am Chromosom 3 nachweisen, so daß dieses Chromosom als „Marker-Chromosom“ für diese Malignomart anzusehen ist. Ein Bruch in der Region p11.2–p13 des Chromosoms 3 scheint der erste Schritt in der klonalen Entwicklung des NZK zu sein. Allerdings läßt sich keine Korrelation zwischen spezifischen Chromosomen-Aberrationen und histologischem Grading und Staging nachweisen.

Im sich anschließenden Kapitel werden die zytogenetischen Befunde von einem „Sonderfall“ eines Nierentumors, dem Onkozytom, vorgestellt. Die – wie vermutet – abweichenden Ergebnisse erlauben eine weitere Abgrenzung gegenüber dem NZK und unterstützen die Hypothese einer völlig anderen Tumorgenese.

Kapitel 7

Zytogenetische und morphologische Untersuchungen beim renalen Onkozytom (erläutert an zwei Fallbeispielen)

7.1 Einleitung

Die Abgrenzung des Onkozytoms gegenüber dem Nierenzellkarzinom wurde lange Zeit hinsichtlich Onkogenese, histomorphologischer Abgrenzung sowie Verlauf und Prognose, einschließlich der Therapieverfahren kontrovers diskutiert [235]. Die Inzidenz des Onkozytoms innerhalb der Gruppe der Nierentumoren wird in der Literatur mit 1,5–2% angegeben [109] (vgl. dazu Tabelle 1, S. 3). Klein et al. [113] publizierten 1976 erstmalig einen systematischen Überblick über das renale Onkozytom. Man beschrieb das Onkozytom als Adenom des proximalen Tubulusanteiles mit spezifischen „Onkozytom-Merkmalen": Es finden sich typische polygonale Tumorzellen, die in Nestern wachsen. Das eosinophile Zytoplasma weist auffällige hyaline Zytoplasmaeinschlüsse auf. Die Zellkerne enthalten Vesicula und prominente Nucleoli. Der Tumor wächst verdrängend, zeigt aber selten eine malignomtypische Invasivität. Gerade wegen der letzten Aussage wurde das renale Onkozytom als „benigner Tumor" angesehen. Andere Autoren beschreiben aber auch beim Onkozytom neben einer lokalen Tumorinvasion mit Veneneinbruch eine Metastasierung in andere Organe als Zeichen der malignen Potenz [118, 131, 164].

Im Nachfolgenden werden zwei Patienten mit Onkozytom beschrieben, deren exakte Diagnose erst im Nachhinein histopathologisch gestellt werden konnte; die Tumornephrektomie erfolgte jeweils unter der klinischen Diagnose „Nierenzellkarzinom".

Das Gewebe wurde, wie in Kap. 5 beschrieben, zytogenetisch aufgearbeitet. Gemäß der Literatur gab es bislang keine zytogenetischen Arbeiten zum Thema Onkozytom.

7.2 Fallberichte

7.2.1 Patient 1

Zur Vorstellung kam eine 70jährige Patientin, mit seit 3 Wochen vor stationärer Aufnahme bestehenden rechtsseitigen abdominellen Beschwerden. Die Sonographie des Abdomens ergab eine Cholecystolithiasis sowie eine kleine, solide Raumforderung in der rechten Niere, es folgte die Cholecystektomie sowie eine radikale Tumornephrektomie rechts. Weder in der praeoperativen Diagnostik noch intraoperativ ergaben sich Hinweise für eine Metastasierung. Im Sektionsschnitt der Niere (Gesamtgewicht: 205 g; Größe: 11 × 7 × 3,5 cm) zeigte sich makroskopisch im mittleren Drittel ein kleiner, solider Tumor von 3 cm Durchmesser. Mikroskopisch fanden sich weder Nekrosen noch eine lokale Tumorinvasion und auch keine zentrale Fibrose. Das histomorphologische Bild (Formalin-fixiert, Paraffin-Einbettung mit HE-Färbung, Abb. 40) zeigt in Gruppen angeordnete eosinophile Onkozytom-Zellen, mit reichlicher Granulation im Zytoplasma.

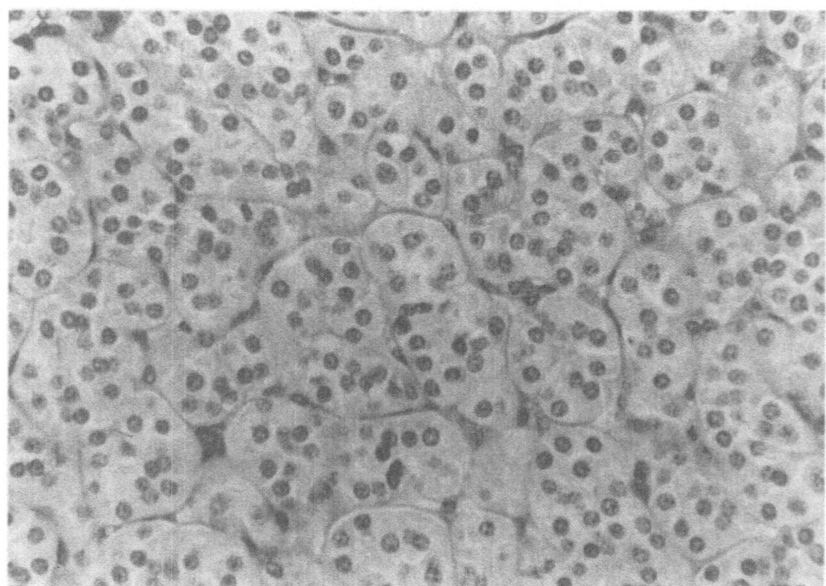

Abb. 40. Renales Onkozytom; in Gruppen angeordnete monomorphe Onkozytomzellen, die von Bindegewebssepten abgetrennt sind; HE, Vergr. 160:1

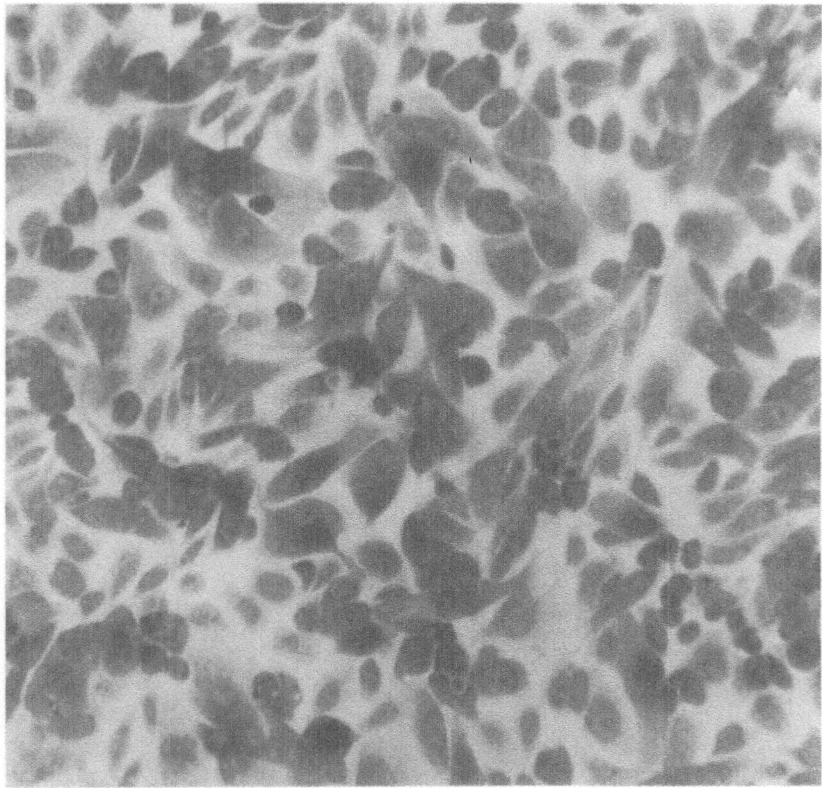

Abb. 41. Primäre In-vitro-Zellkultur, präpariert aus dem Tumorgewebe von Abb. 40. Die Tumorzellen sind polygonal bis oval und haben 1 bis 2 runde Zellkerne; ungefärbt, Phasenkontrastmikroskop, Vergr. 160:1

Abbildung 41 zeigt die dazu entsprechende In-vitro-Zellkultur: Die Tumorzellen sind polygonal bis oval geformt und zeigen ein bis zwei runde Nucleoli.

7.2.2 Patient 2

Die stationäre Aufnahme des 65jährigen Patienten erfolgte wegen unspezifischer Verdauungsbeschwerden. Sowohl die Sonographie als auch die Computer-Tomographie bestätigten eine solide Raumforderung am unteren Pol der rechten Niere. Auch hier ergaben sich keine Hinweise für

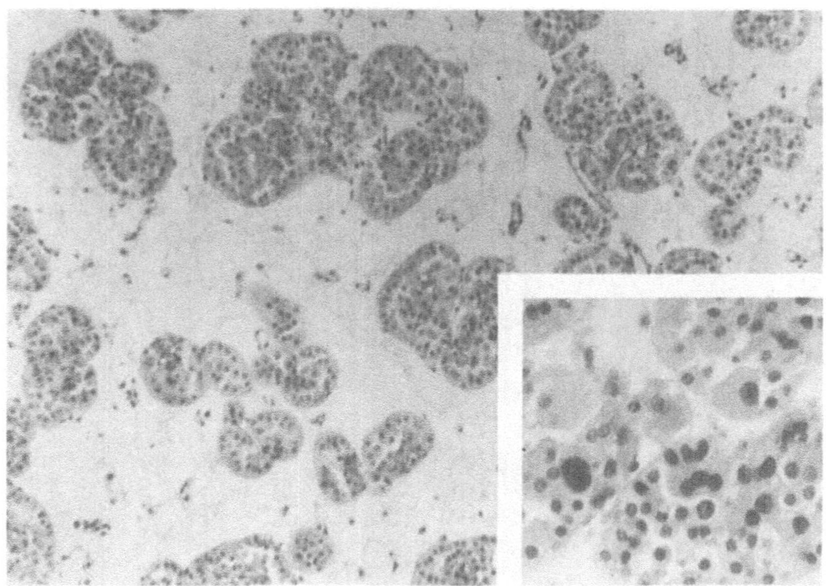

Abb. 42. Histomorphologisches Bild des 2. Onkozytom-Falles; Onkozytomzellnester, umgeben von myxoidem Stroma; HE, Vergr. 80:1. Darin kleiner Ausschnitt mit einer Vergr. von 160:1

eine Metastasierung. Das Nephrektomie-Präparat wog 243 g, der Tumor hatte einen Durchmesser von 5,5 cm. Im Sektionsschnitt erschien der Tumor bräunlich mit zentraler Fibrose und wies keine erkennbaren Tumorinfiltrationen auf, weder in die Blutgefäße noch ins Nierenparenchym. Mikroskopisch hatten die Onkozytomzellen eine polygonale Form, teils tubulär und teils alveolär und in Gruppen gelagert (Abb. 42). Wie bei Patient 1 zeigten sich auch hier im histomorphologischen Bild keine Mitosen, kein invasives Wachstum, kein Gefäßeinbruch; Abb. 43 zeigt die dazu entsprechende In-vitro-Zellkultur.

7.3 Elektronen-mikroskopische Auswertung der Tumorgewebe

Nach Aufarbeitung des Gewebes [44] von beiden Patienten fand sich in der elektronenmikroskopischen Bildgebung das für Onkozytome pathognomonische Zeichen der „Vollpfropfung" des Zytoplasmas mit Mitochondrien (Abb. 44). Die Mitochondrien waren teils sphärisch bis

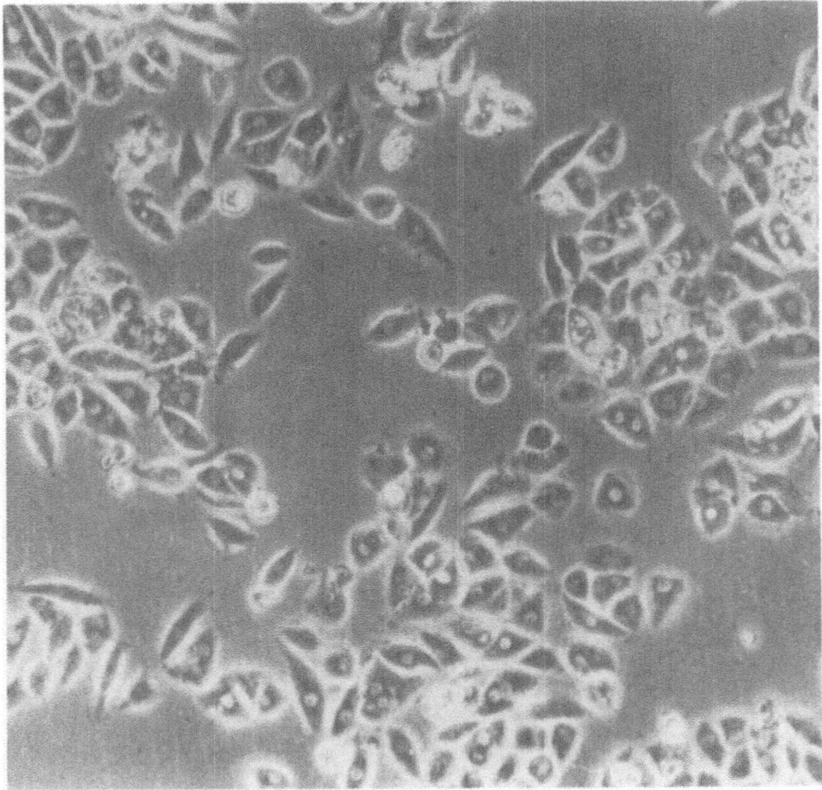

Abb. 43. Primäre In-vitro-Zellkultur des Tumorgewebes aus Abb. 42, leicht elongierte polygonale Zellen; ungefärbt, Phasenkontrastmikroskop, Vergr. 160:1

oval, teils tubulär geformt, andere zytoplasmatische Organellen waren dagegen rar, Glykogen selbst war nicht nachweisbar. Gelegentlich fanden sich Desmosomen, dagegen waren Mikrovilli und Bürstensaum-Membran nicht vorhanden.

7.4 Chromosomale Untersuchung der Tumorzellpopulationen aus den beiden Onkozytompräparaten

Abbildung 45 zeigt ein repräsentatives Karyogramm von Patient 1: Reziproke Translokation zwischen Chromosom 7 und 19 sowie eine kom-

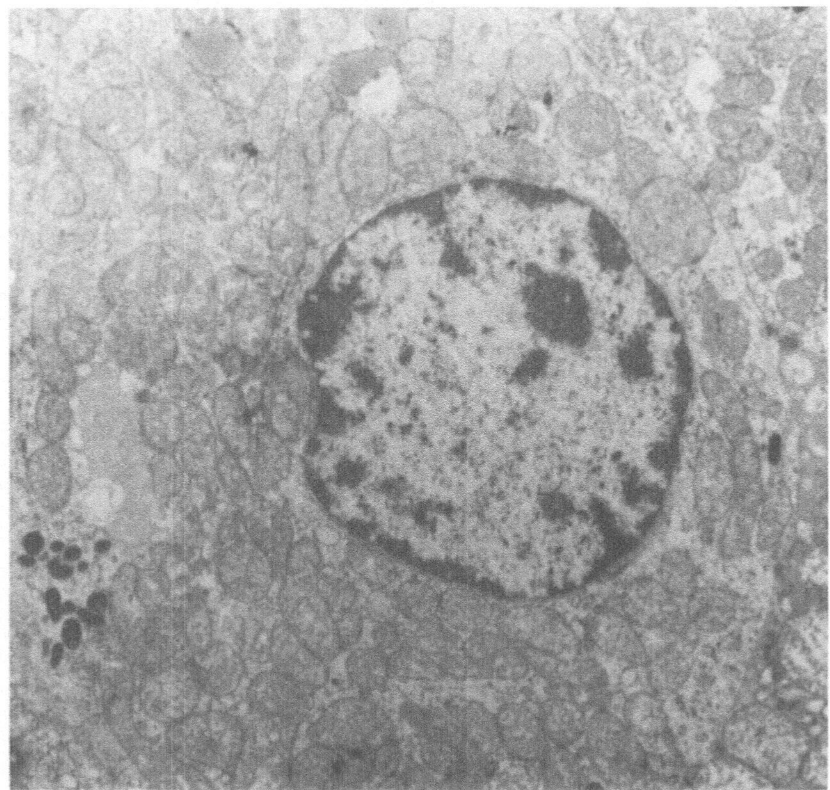

Abb. 44. Elektronenmikroskopisches Bild des Präparates vom 2. Onkozytom-Patienten: eindrucksvoll „Vollpfropfung" des Zytoplasmas mit Mitochondrien; Vergrößerung: ×2500

plette Translokation von 13 auf 5; Abb. 46 zeigt ein repräsentatives Karyogramm von Patient 2, hier fand sich eine additionelle Translokation zwischen Chromosom 15 und 22 sowie eine balancierte Translokation zwischen 1 und 13.

Somit war lediglich Chromosom 13 in beiden Fällen verändert.

7.5 Diskussion

Die Gesamtheit der erhobenen Befunde spricht im Falle dieser zwei Patienten eindeutig für die Diagnose *Onkozytom*. So lassen sich die

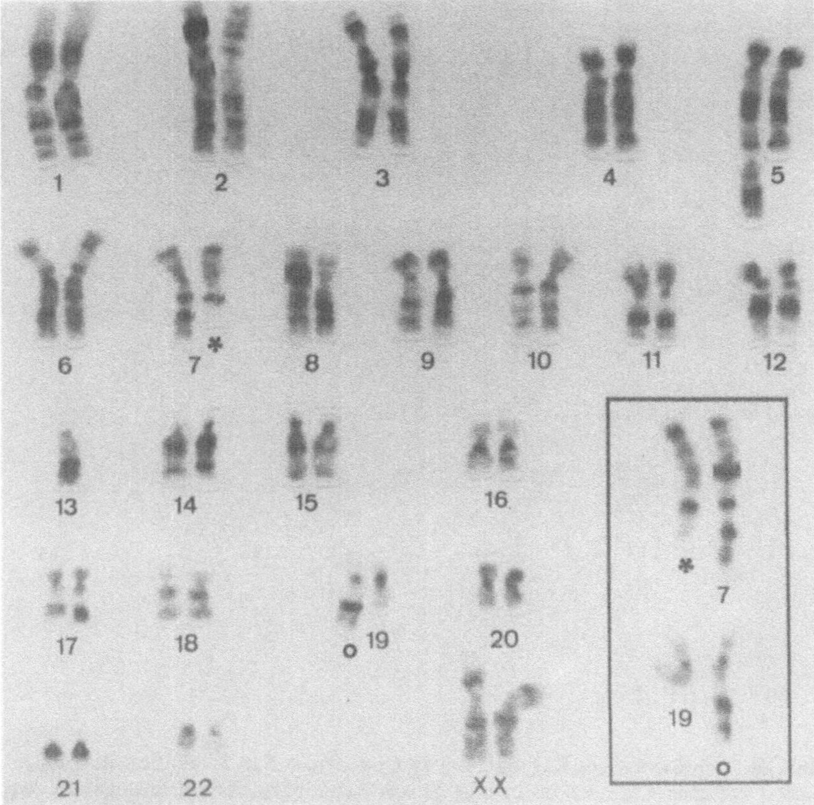

Abb. 45. Repräsentatives Karyogramm zu Onkozytom-Fall 1; reziproke Translokation zwischen Chromosom 7 und 19 sowie eine komplette Translokation von 13 auf 5

Granulationen in den eosinophilen Zellen dieser Tumoren elektronenmikroskopisch als pathognomonische „Vollpfropfung" des Zytoplasmas mit großen Mitochondrien erklären; eine Beobachtung, die vom NZK nicht bekannt ist. Auf der Suche nach chromosomalen Unterschieden wurden gezielt zytogenetische Untersuchungen sowohl bei NZK als auch bei den vorliegenden Onkozytomfällen vorgenommen. Im Gegensatz zum malignen NZK (s. Kap. 6) wurden bei diesen zwei Onkozytomfällen keine Aberrationen am Chromosom 3 gefunden. Verändert waren bei diesen zwei Onkozytomfällen die Chromosomen 1, 5, 7, 13 und 19. Chromosomen-Analysen an zwei Onkozytomfällen können allein nicht aussagekräftig sein, aber die gewonnenen Befunde stützen die Hypothese, daß es sich beim Nieren-Onkozytom um einen völlig anderen Tumortyp als beim NZK handelt. Das führt auch zu der Vermutung, daß

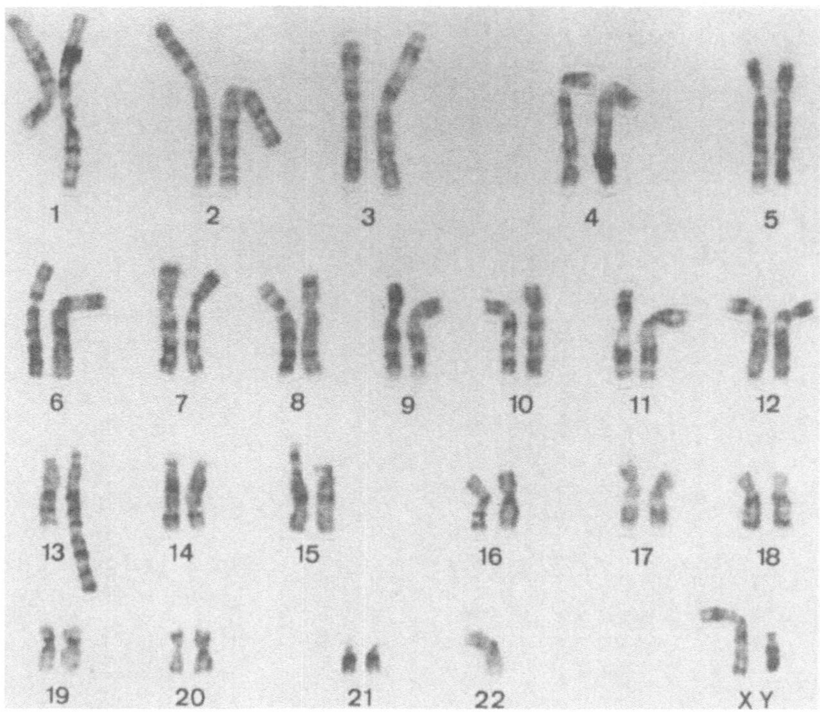

Abb. 46. Repräsentatives Karyogramm zu Onkozytom-Fall 2; additionelle Translokation zwischen Chromosom 15 und 22 sowie eine balancierte Translokation zwischen 1 und 13

Onkozytome eine andere Tumorgenese haben als Nierenzellkarzinome; auch als „Präcancerose" oder „Vorstufe" des NZK können sie sicher nicht angesehen werden. Die makroskopische, lichtmikroskopische und auch elektronenmikroskopische Aufarbeitung der beiden Onkozytomgewebe und die Gegenüberstellung der jeweils gewonnenen Befunde lassen keine gravierenden Unterschiede zwischen den beiden Tumoren erkennen.

Chromosom 13 zeigt in beiden Onkozytomfällen Aberrationen. Für die Klärung der Frage, ob Chromosom 13 beim Onkozytom – ähnlich wie Chromosom 3 beim NZK – als „Marker-Chromosom" anzusehen ist, reicht die Anzahl der hier untersuchten Fälle nicht aus.

Da das Onkozytom sehr selten auftritt (ca. 1,5% aller Nierentumoren [109, 164]) wird die tumorzytogenetische Klärung dieser Frage schwieriger sein als beim NZK.

Hinsichtlich der Beantwortung einer zweiten wichtigen Frage, ob es sich beim Onkozytom um einen benignen oder malignen Tumor handelt, lassen sich die histomorphologischen und zytogenetischen Befunde folgendermaßen zusammenfassen: Die hier beschriebenen Onkozytomzellen zeigten histomorphologische Charakteristika von Malignomzellen: Dunkle vergrößerte Kerne bei verschobener Kernplasmarelation und prominente Nucleoli; ein invasives Wachstum konnte jedoch nicht beobachtet werden.

Die Zellen beider Onkozytome hatten eindeutige chromosomale Aberrationen, dies belegt aus zytogenetischer Sicht, daß es sich um maligne transformierte Zellen handelt. Eine größere Anzahl zytogenetisch untersuchter Onkozytome ist jedoch dringend notwendig, um diese chromosomalen Befunde zu bestätigen und den histomorphologischen Parametern wie auch dem klinischen Verlauf mit der Diagnose „Onkozytom" zuzuordnen. Erst wenn dies erfolgt ist, wird es auch möglich sein, geeignete Therapiekonzepte zu erarbeiten.

Aufgrund der relativ späten Metastasierung des Onkozytoms bedeutet schon die chirurgische Sanierung in den meisten Fällen eine vollständige Heilung für die Patienten und eine postoperative systemische Chemotherapie steht nicht zur Diskussion. Gerade diese Behandlungsform stellt den therapierenden Arzt aber beim metastasierenden NZK noch vor zahlreiche ungelöste Probleme.

Das nachfolgende Kapitel beschäftigt sich im Rahmen der vorklinischen Forschung mit der In-vitro-Zytostatikaaustestung und den daraus resultierenden Rückschlüssen für die klinische Behandlung dieser Tumorpatienten.

Kapitel 8

In-vitro-Sensibilitäts-Kurzzeit-Test an menschlichen Nierentumorzellen gegenüber Zytostatika

8.1 Einleitung

Renale Adenokarzinome, insbesondere fortgeschrittene Formen, sprechen auf eine Zytostatika-Therapie wenig an: Nur selten werden partielle Remissionen unter Chemotherapie beschrieben (s. Kap. 4, S. 73). Es werden zwar zahlreiche Substanzen erwähnt, die in einzelnen Fällen von fortgeschrittenem renalen Adenokarzinom objektivierbare Remissionsraten bewirkt haben sollen; keine einzige Substanz konnte aber bislang als Therapie der Wahl empfohlen werden [48, 109].

Aus diesem Grund wurde untersucht, inwieweit durch In-vitro-Methoden die am besten geeigneten Therapeutika für die jeweilige Patientengruppe zu ermitteln sind, da empirisch-klinische Testverfahren äußerst aufwendig, kostenintensiv, langwierig und ethisch nicht vertretbar sind.

Verbreitet ist der sogenannte „Soft-Agar-Clonogenic-Assay“ (auch Tumor-Stammzell-Assay* genannt) [132, 189].

Bei diesem Verfahren ist die Teilungsfähigkeit der Zellen allein Maßstab für ihre Malignität: Die Tumorzellen werden bis auf Einzelzellsuspension trypsinisiert und anschließend in einem halbfesten Soft-Agar ausgebracht. In diesem Medium wachsen die einzelnen Tumorzellen innerhalb von etwa 4–6 Wochen zu Tumorzell-Kolonien aus; dabei werden sie mit verschiedenen Zytostatika in entsprechenden Konzentrationen inkubiert, wie sie unter In-vivo-Bedingungen den Plasmakonzentrationen beim Patienten nahekommen [130, 230]. Durch automatische Bildauswertung werden diese Kolonien erfaßt und erlauben so im Vergleich zur Kontrolle die Vorhersage einer möglichen therapeutischen Wirksamkeit der eingesetzten Zytostatika. Als Chemotherapie-sensibel werden alle Tumoren bezeichnet, bei denen in diesem Testverfahren weniger als 30% der in der Kontrolle auswachsenden Kolonien nachweisbar sind [130, 132, 141, 161, 176, 230, 237].

---

* Weitere Synonyma sind: Human Tumor Cloning Assay (HTCA), Salmon-Assay

Lieber [132], Mattern [140] und andere Autoren [3, 80, 92] haben diesbezüglich in zahlreichen Untersuchungen das Wachstum von „Clonogenic cells" im Soft-Agar in vitro nach Exposition mit verschiedenen Chemotherapeutika beschrieben und berichten über eine umfangreiche Erfahrung mit korrespondierenden Therapieergebnissen in vivo.

8.2 Material und Methode

Das In-vitro-Präparationsverfahren für die Nierentumorzellen ist ausführlich auf S. 80 (Kap. 5) beschrieben worden. Es entspricht dem Verfahren für die zytogenetische Untersuchung. Für die Primärkulturen werden stets parallel mehrere Kulturflaschen angesetzt. Die parallel durchgeführte Karyotypisierung der in vitro gewachsenen Zellen (s. Kap. 6) dient als Beweis für das tatsächliche Vorhandensein von Nierentumorzellen.

Sobald der Boden der Kulturflaschen mit Zellen überwachsen ist, erfolgt die erste Zellpassage: Nach Einwirkung von Trypsin-EDTA über eine Zeitdauer von 2–3 Minuten bei 37 °C im Wärmeschrank werden die Zellen vorsichtig vom Boden der Kulturflasche abgelöst und auf die gewünschte Zellzahl pro ml Medium eingestellt. Anschließend wird die Suspension auf 6-Loch-Multischalen (Nunc, Roskilde, Dänemark) verteilt. Während der Verteilung der Zellsuspension mit einer sterilen Eppendorff-Variopipette wird mittels eines rotierenden Magnetrührers im sterilen Glasgefäß für eine gleichbleibende Zellverteilung gesorgt.

Der Durchmesser einer Vertiefung der 6-Loch-Multischalen (Abb. 47) beträgt 3 cm. Dieses Verfahren hat sich in Vorversuchen als optimal herausgestellt: Waren die Lochplatten zu groß dimensioniert, ging dies auf Kosten der Praktikabilität, da im CO_2-Inkubationsschrank zuviel Raum verloren ging. Wurde eine im Durchmesser zu kleine Lochplatte gewählt, so reichte die mitapplizierte Menge des Nährmediums offensichtlich nicht, um ausreichende Lebens- und Wachstumsbedingungen für die Tumorzellen zu schaffen. (In Vorversuchen nahm die Angehrate bei im Durchmesser kleiner werdender Lochplatte deutlich ab.)

Als Nährmedium wird wie bei den anderen Verfahren ebenfalls RPMI-1640-Medium verwendet, angereichert mit 15%igem fetalen Kälberserum (Biochrom, Berlin).

Aus Gründen der Plausibilität werden sowohl Kontrollen als auch Versuchsgruppen jeweils doppelt angesetzt. Es wird in vitro mit einfacher, zweifacher, fünffacher und zehnfacher Zytostatikakonzentration entsprechend den jeweiligen Plasmakonzentrationen bei einem standar-

Abb. 47. 6-Loch-Multischale, die für die In-vitro-Therapeutika-Austestung verwendet wurde

disierten Patienten mit 1,75 m^2 Körperoberfläche und 70 kg Körpergewicht gearbeitet, wobei die therapeutisch empfohlene Zytostatikumdosis in vivo als „einfache Konzentration" in vitro gilt.

Die Dosisumrechnung von fiktiven In-vivo-Bedingungen auf In-vitro-Bedingungen erfolgt unter Berücksichtigung der von Lieber beschriebenen Methode [130, 132].

In Tabelle 32 sind die ausgetesteten Zytostatika aufgelistet.

Tabelle 32. Liste der ausgetesteten Zytostatika, angegeben ist die jeweilige „einfache" Konzentration pro ml Nährmedium. Höhere Konzentration (2-, 5- und 10fach) wurden mit dem entsprechenden Faktor multipliziert

Substanz	µg/ml
Cis-Platin	3,0
Doxorubicin	1,8
Epi-Doxorubicin	1,8
Mitomycin C	0,5
Vinblastin	0,15
Vincristin	0,04

Für durchschnittlich 2–4 Tage werden die Zellen bei geöffneter Abdeckplatte der Multischalen bei 37 °C mit 5%iger CO_2-Begasung kultiviert, dann sind bereits die Platten der Kontrollgruppen mit Zellen überwachsen. Dies ist der Zeitpunkt für die Versuchsauswertung: Nach Anwendung von Trypsin-EDTA für 2–3 Minuten bei 37 °C im Wärmeschrank werden die Zellen vom Boden der Lochplatten abgelöst, anschließend erfolgt die Zellzahlbestimmung pro ml Medium in der Tumorzell-Zählkammer. Nur vitale Zellen werden gezählt, der prozentuale Anteil der abgestorbenen Zellen wird nach Zugabe von 1%iger Methylenblau-Lösung bestimmt. Insgeseamt wurden 25 verschiedene Nierenzellkarzinome mit dem beschriebenen In-Vitro-Kurzzeit-Testverfahren untersucht.

8.3 Ergebnisse

Tabelle 33 zeigt die Grading- und Staging-Klassifikation der insgesamt 25 verschiedenen Nierenzellkarzinome, die in dem beschriebenen Kurzzeit-Assay untersucht wurden. Wie aus der Tabelle ersichtlich, wurden nicht nur undifferenzierte Tumoren, sondern auch hochdifferenzierte Tumoren in Frühstadien erfolgreich in Kultur gebracht und ausgetestet.

Abbildung 48 ist eine graphische Darstellung der In-vitro-Tumorzellabtötungsrate eines Tumors (HA/319) nach Exposition gegenüber Mitomycin und Epi-Doxorubicin in einfacher, zweifacher, fünffacher und zehnfacher Konzentration unter Berücksichtigung der empfohlenen therapeutischen Plasmakonzentration. Die anderen von uns ausgetesteten Zytostatika zeigten ähnliche Therapieeffekte in vitro wie die hier erwähnten zwei Substanzen.

Tabelle 33. Histologisches Grading und Staging der 25 Nierenzellkarzinome, die in-vitro hinsichtlich Zytostatikasensibilität ausgetestet wurden

G, pT-Stadium	Zahl der Patienten
G1, pT1	2
G1, pT2–3	3
G2, pT2	6
G2, pT3	8
G3, pT2	4
G3, pT3–4	2

Tabelle 34 ist eine Zusammenfassung der Zellabtötungsraten (in %) aller untersuchten zytostatischen Substanzen, hier am Beispiel der einfachen und zehnfachen Zytostatikadosis. Keine der untersuchten Substanzen zeigte eine ausreichende Zellabtötungsrate unter der empfohlenen Dosierung (Variation der Abtötungsrate zwischen 2% und 28%). Die Zellabtötungsraten bei zehnfacher Zytostatikakonzentration variierten

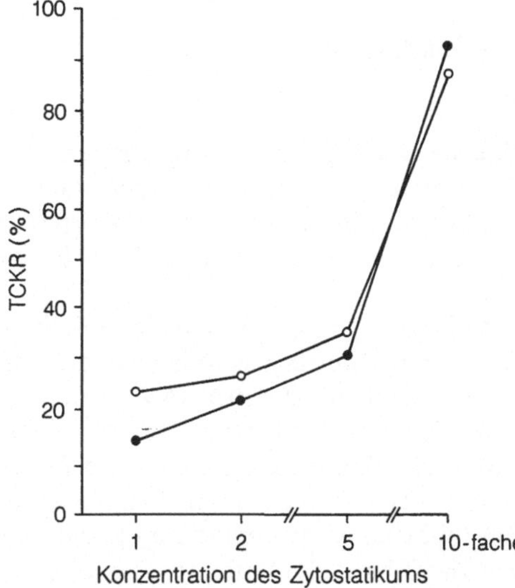

Abb. 48. Graphische Darstellung der Tumorzellabtötungsraten (engl.: Tumor-cell kill-rates (TCKR)) für den präparierten Tumor HA 319 nach Exposition gegenüber Mitomycin (o——o) und Epi-Doxorubicin (•——•).
Anmerkung: Die geringen Zellzahlunterschiede bis zu max. 5% innerhalb der paarigen Ansätze sind bereits berücksichtigt; hier sind jeweils die Durchschnittswerte aus den paarigen Ansätzen angegeben

Tabelle 34. Tumorzellabtötungsraten (Tumor-cell kill-rates = TCKR) verschiedener Zytostatika bei einfacher und zehnfacher Dosis)

Zytostatikum	Konzentration (µg) pro ml Nährmedium (einfache Dosis/ zehnfache Dosis)	TCKR (%)		
		Durchschn.	Minimum	Maximum
Cis-Platin	3,0 /30,0	7/86	2/49	14/93
Doxorubicin	1,8 /18,0	9/92	4/78	17/98
Epi-Doxorubicin	1,8 /18,0	10/93	3/84	22/97
Mitomycin C	0,5 / 5,0	9/94	2/82	25/98
Vinblastin	0,15/ 1,5	14/91	4/89	28/94
Vincristin	0,04/ 0,4	8/72	5/42	21/86

in Abhängigkeit von Substanz und Tumor zwischen 42% und 98% (s. Tabelle 34).

Diese unter In-vitro-Bedingungen applizierten Zytostatikadosen sind jedoch für Tumor-Patienten unter In-vivo-Bedingungen als zu toxisch anzusehen.

8.4 Diskussion

Für die gängigen In-vitro-Methoden zur Prüfung einer Chemotherapie-Sensitivität (Proliferations- oder auch Stammzell-Assay) liegen bereits Studien vor, in denen sowohl retrospektiv als auch prospektiv der Wert für die klinische Anwendung überprüft wurde [79, 80, 105, 156, 190, 227, 229].

Es konnte gezeigt werden, daß mit diesen In-vitro-Methoden die Resistenz eines Tumors gegenüber einem bestimmten Zytostatikum mit einer Wahrscheinlichkeit von etwa 90% richtig vorhergesagt wird [231]. Dabei wird die Sensitivität nur in etwa 50–70% der Fälle zutreffend vorausgesagt [231]: Somit ist der Tumor im Patienten in einem Drittel der Fälle resistent gegenüber dem im Test für wirksam befundenen Zytostatikum. Es gibt bislang nur wenige Daten, die eine Verlängerung der Überlebenszeit für behandelte Patienten, bei denen der In-vitro-Test eine individuelle spezifische Chemotherapie-Sensibilität ergab, nachweisen. So wies beispielsweise eine Studie bei behandelten Patienten mit Bronchialkarzinomen nach, daß diejenigen Patienten, deren Malignome im Proliferations-Assay auf Doxorubicin ansprachen, eine um den Faktor 2,5 längere Überlebenszeit hatten als die behandelten Patienten, deren Tumoren sich im Test als resistent erwiesen hatten [226].

In Übereinstimmung mit unseren Ergebnissen mußten die bisher empirisch gewonnenen Hinweise leider bestätigt werden, daß Nierenzellkarzinome (unabhägnig vom Staging und Grading) keine therapeutisch verwertbare Sensibilität in klinisch akzeptabler Dosierung gegenüber den herkömmlichen Zytostatika besitzen. In größeren klinischen Studien ist die Regressionsrate des NZK enttäuschend gering [29, 48, 109]. Gemäß dem beschriebenen Testverfahren hätte man bei den Patienten hochtoxische Dosen bestimmter Zytostatika anwenden müssen, um eine ausreichende Tumorzellzahlreduktion zu erreichen.

Kapitel 4 (S. 73, Bestimmung der Proliferationsrate in vivo beim NZK) zeigt einen Ansatz für eine Erklärung dieses biologischen Verhaltens des NZK nach Zytostatika-Gabe. Im Vergleich zu den anderen In-vivo/In-vitro-Zytostatika-Austestverfahren bietet das hier vorgestellte Testsystem jedoch einige Vorteile. Bekanntermaßen beträgt die Tumorzellangehrate im sog. Salmon-Assay lediglich etwa 60%, in dem auf S. 86 (Kap. 5) beschriebenen Präparationsverfahren liegt sie dagegen bei 90% [119]. Ferner ist die Zeitdauer bis zur Versuchsauswertung im Salmon-Verfahren etwa 4–6 Wochen, im In-vitro-Kurzzeit-Test wird dagegen lediglich eine Zeitspanne von 10–14 Tagen benötigt, bis die Auswertung der Therapie-Sensibilitätstestung vorliegt (gerechnet vom Tag der Tumornephrektomie). Diese benötigte Zeitdauer steht somit in einem günstigeren Verhältnis zum postoperativen Vorgehen bei dem korrespondierenden Patienten, da etwa 14 Tage nach der Tumornephrektomie mit einer adjuvanten bzw. palliativen Zytostatika-Therapie begonnen werden kann.

Das vorgestellte In-vitro-Testverfahren ist wesentlich praktikabler und benötigt keinen hohen Standard an technischen Geräten (z. B. eine aufwendige rechnergesteuerte Auswertung, wie sie für den Clonogenic-Assay notwendig ist [79, 121]). Da nur wenige, überall zugängliche Hilfsmittel verwendet werden, wäre dieses Testverfahren auch in peripheren Kliniken durchführbar.

Die bekannten Nachteile der In-vivo-Testverfahren (Nude-Mouse-Modell) sind u. a. die lange Versuchsdauer (2–3 Monate), ferner ist dieses Verfahren kostenintensiv, die transplantierten Tumoren wachsen unter immunologisch nicht exakt definierbaren Bedingungen (Problem der Hybrid-Tumorbildung, Graft-versus-Host-Reaktion), auch ist die Tumorangehrate sehr unterschiedlich (30–50%) [124]. Daß Tierversuche in der öffentlichen Diskussion derzeit sehr kritisch beurteilt werden, sollte nicht unerwähnt bleiben. Auch dies sind Argumente für die Weiterentwicklung von Zellkulturmodellen gewesen.

Nahezu unbestritten ist in der Literatur die Meinung, daß die In-vitro-Methoden in der Lage sind, die Resistenz eines Tumors gegenüber einer Chemotherapie mit einer hohen Wahrscheinlichkeit (ca. 90%) vorherzusagen [80, 231]. Gegenüber dem empirischen Ansatz besteht dadurch die Möglichkeit, dem jeweiligen Patienten eine zusätzliche Belastung durch Nebenwirkungen einer ungeeigneten Therapie zu ersparen. Diese Technik stellt somit eine wichtige Ergänzung in der individuell ausgerichteten Tumortherapie dar. Bei der Einführung neuer Zytostatika in die bisherigen Therapiekonzepte der Onkologie könnte der praeklinische In-vitro-Vergleich mit bereits bekannten Zytostatika einen Hinweis auf das zu erwartende klinische Wirkungsspektrum liefern.

Im Anhang zu diesem Kapitel wird der Human-Tumor-Stammzell-Assay als Referenzmethode beschrieben und die Resultate mit den hier dargelegten Daten verglichen.

8.5 Anhang zu Kapitel 8

Zytostatika-Sensibilitätstestung mittels des Clonogenic-Assays als Referenz-Methode

Der Human-Tumor-Cloning-Assay (HTCA) (auch Stammzell- od. Salmon-Assay genannt) ist der bisher am meisten verwendete In-vitro-Prädiktivitätstest. Daher wurde dieser Test als Referenz-Methode zur Überprüfung der Ergebnisse des in Kapitel 8 beschriebenen In-vitro-Zytostatika-Sensitivitäts-Kurzzeit-Tests gewählt.

Dem Human-Tumor-Cloning-Assay (s. 8.1) liegt die Überlegung zugrunde, daß die meisten Zellen eines Tumors nur eine beschränkte proliferative Kapazität besitzen und nach einer gewissen Anzahl von Zellteilungen ihr Wachstum einstellen (sog. „Ausdifferenzieren" der Zellen); Abb. 49 zeigt ein typisches Beispiel einer In-vitro-Zellkultur (Monolayer) von Nierentumorzellen (in der 7. Zellpassage). Gerade in den frühen Zellkulturen finden sich zahlreiche „ausdifferenzierende" Tumorzellen. Zytologisch sind diese Zellen größer als Tumorstammzellen und zeigen sog. „dendritische" Ausläufer des Zytoplasmas. In der Proliferations-(Ki-67)Färbung (vgl. dazu Kap. 4, S. 64ff.) sind diese Zellen (wie Abb. 49 erläutert) in der G_0-Phase und somit nicht proliferativ tätig, weil die Potenz für die uneingeschränkte Zellteilung bei diesem Zelltyp verloren gegangen ist. In Anlehnung an das Zellteilungsverhalten in der Hämatopoese nennt man diesen Endzustand „Ausdifferenzierung" [121].

Mit zunehmenden Zellpassagen verschiebt sich jedoch der Anteil zugunsten der schnellwachsenden Stammzellen, während die ausdifferenzierenden Zellen nur noch eine bestimmte Anzahl von Zellteilungen durchführen können und daher in späteren Kulturen nicht mehr nachweisbar sind.

Dieses Phänomen macht man sich bei der Etablierung sogenannter Zell-Linien aus primärem humanen Tumormaterial zunutze. So wurden einige etablierte Nierentumorzell-Linien gewonnen, die mindestens über 50 Zell-Subpassagen etabliert werden konnten. Abbildung 30a/b (S. 71) zeigt in der Ki-67-Färbung eine dieser etablierten Zell-Linien: Es finden sich einheitliche Tumorstammzellen, die nahezu alle in vitro proliferativ sind (über 90%), es fehlen ausdifferenzierende Tumorzellen (wie oben beschrieben).

Nur diese wenigen Zellen des Tumors, die sog. Stammzellen, besitzen eine unbegrenzte proliferative Kapazität sowie die Eigenschaft, durch Teilung neue Stammzellen zu bilden [80]. Diese Stammzellen, die naturgemäß primärer Angriffspunkt jeder Chemotherapie sein müßten, lassen sich im Weich-Agar-System durch Auswachsen von Zellkolonien erfas-

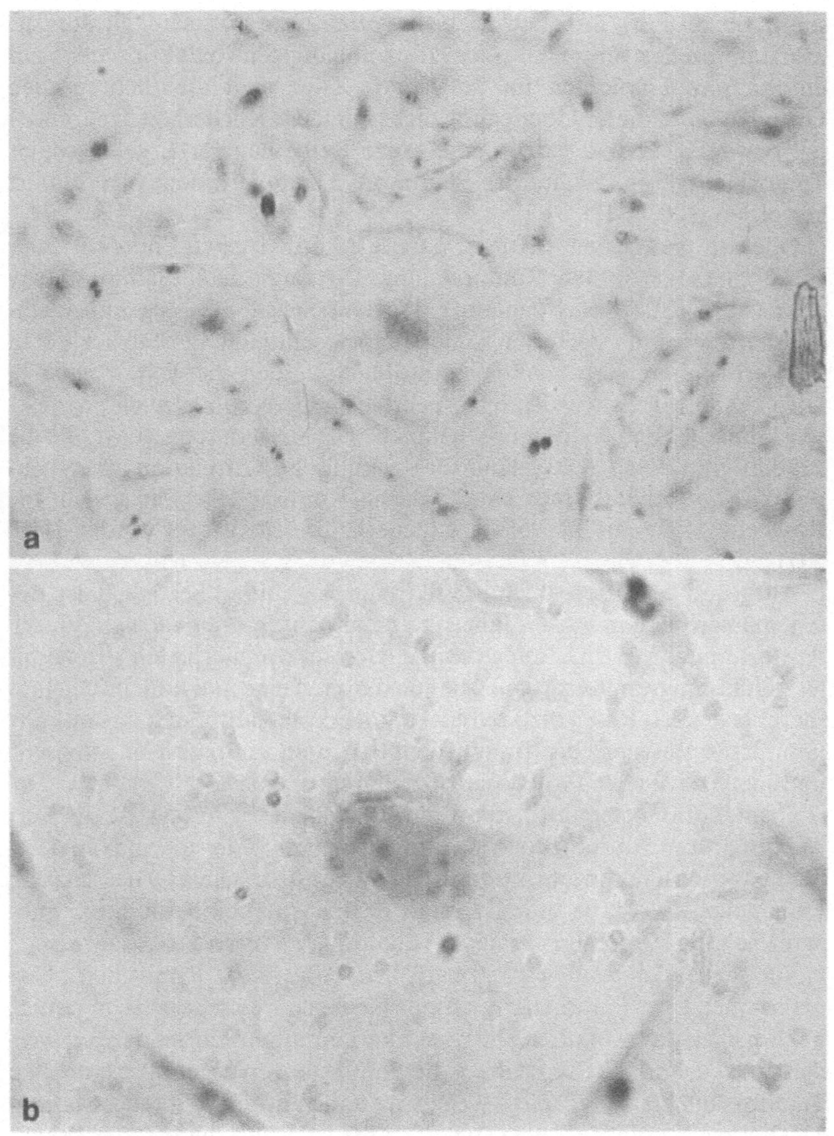

Abb. 49 a, b. RCC-in-vitro-Zellkultur, 7. Subpassage, immunhistochemische Färbung mittels des Ki-67-Assays (vgl. dazu Kap. 4): Rot (hier: *dunkel*) markiert sind proliferative Tumorstammzellen, blau (hier: *hell*) gefärbt nichtproliferative Zellen („ausdifferenzierende" Tumorzellen). Vergr.: **a** 140 : 1; **b** 400 : 1

sen (Abb. 50a, b). Substanzen mit zytotoxischer Wirksamkeit auf Tumorstammzellen führen zu einer Dosis-abhängigen Reduktion der Zahl an Stammzell-Kolonien im Soft-Agar. Zwar sind die theoretischen Grundlagen zu dieser Überlegung nicht mit letzter Sicherheit experimentell bewiesen, es sind jedoch eine ganze Reihe neuerer Ergebnisse der Tumorbiologie im Lichte der Stammzell-Therapie besser verständlich geworden [220, 231].

Operativ gewonnenes Tumormaterial wurde zuerst Ende der 70er Jahre im sogenannten Tumorstammzell-Assay (auch Salmon-Assay oder Clonogenic-Assay genannt) [189] auf Sensitivität gegenüber etablierten Zytostatika getestet. Unter Berücksichtigung der tatsächlich in vivo erreichbaren Plasmakonzentrationen werden die Tumorzellen in vitro behandelt. Es wurden retrospektive und neuerdings auch prospektive klinische Studien in unterschiedlichen Zentren durchgeführt, die die Prädiktivität dieses Testsystems für die klinische Korrelation untersuchten. Die Sensitivität eines Tumors konnte mit 60%iger Sicherheit, die Resistenz sogar mit ca. 95%iger Sicherheit vorhergesagt werden [190, 231].

Aufgrund der akzeptablen Prädiktivität (zumindest bezüglich der Resistenz) wird in den letzten Jahren in mehreren Zentren versucht, durch Austestung von chirurgisch gewonnenem Tumormaterial ein sogenanntes „Onkobiogramm" zu erstellen, um dadurch eine individuelle Chemotherapie je nach Resistenzlage des Tumors durchzuführen bzw. im Falle kompletter Resistenz des Tumors dem Patienten zumindest eine toxische und ineffektive Chemotherapie zu ersparen.

Grundvoraussetzung für die Prädiktivität dieses Assays ist die Verwendung von Substanzkonzentrationen in vitro, die die maximal erreichbare Plasmakonzentration in vivo nicht übersteigen. Dies setzt im Falle neuer Zytostatika die Kenntnis der Pharmakokinetik dieser Substanzen beim Menschen voraus, die allerdings zu diesem Zeitpunkt noch kaum vorhanden ist. Dieses prinzipielle Problem der Ermittlung pharmakokinetischer Parameter in unterschiedlichen Tierspezies von neuen, noch bisher unbekannten Therapeutika kann dadurch umgangen werden, daß eine prädiktive Prüfung dieser Substanzen gegenüber humanen Tumoren in vitro möglich ist. Wegen der hohen Prädiktivität des Stammzell-Assays für die Resistenz eines Tumors ist es mit diesem Test besonders leicht möglich, unwirksame Substanzen mit hoher Sicherheit bereits in einer präklinischen Phase zeit- und kostensparend zu eliminieren [121].

Das Gleiche gilt bereits in der Phase-II-Studie für die Suche nach geeigneten Malignomarten, gegen die neue Substanzen eingesetzt und damit klinisch erprobt werden sollen, somit kann dies in der klinischen Prüfung frühzeitig bei der Auswahl des Patientenkollektivs Berücksich-

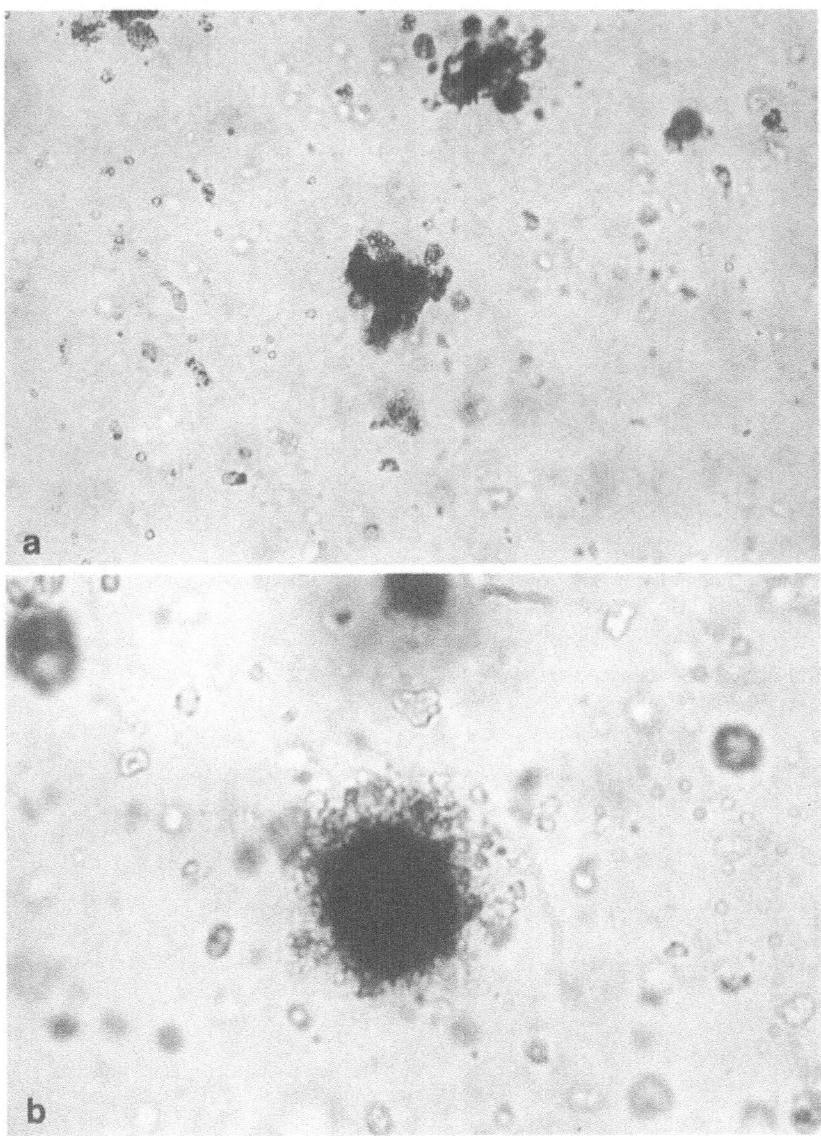

Abb. 50 a, b. 2 Beispiele von in Soft-Agar gewachsenen Nierentumorzell-Kolonien, gefärbt mit Tetrazolium-Farbstoff INT zum Nachweis von lebenden Tumorzellen. Dieser Farbstoff bildet lediglich in lebenden Zellen einen rot/schwarzen (hier: *grau/schwarzen*) Niederschlag, tote Zellen bleiben ungefärbt. Vergrößerung: ×60 (**a**), ×140 (**b**)

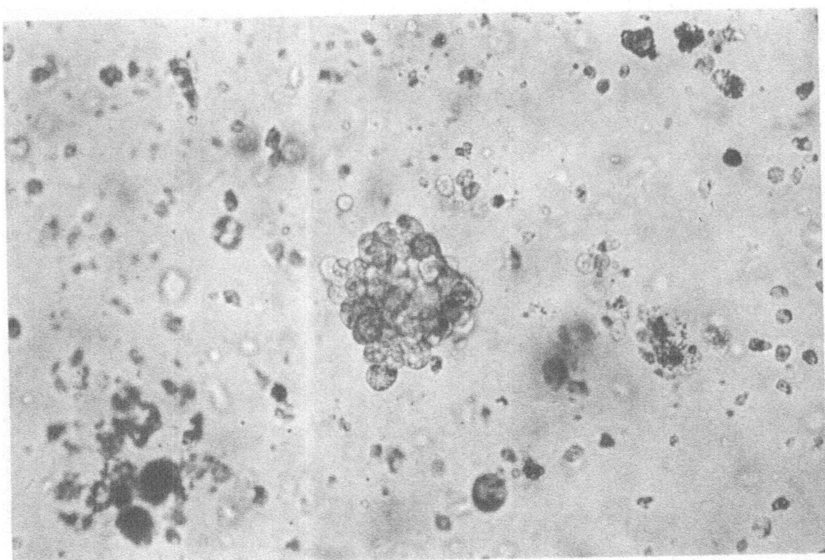

Abb. 51. Ebenfalls in Soft-Agar gewachsene Nierentumorzellkolonie, jedoch nativ (also ungefärbt). Vergrößerung: ×160

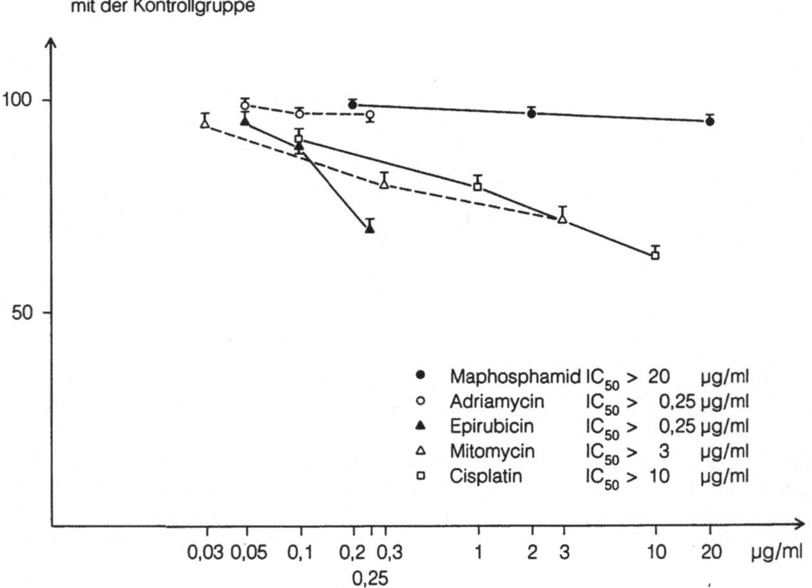

Abb. 52. Dosis-Wirkungs-Analyse (logarithmische Darstellung) eines im Clonogenic Assay ausgetesteten Nierentumors gegenüber verschiedenen Zytostatika: IC_{50} = Dosis, mit der 50% weniger Tumorzellkolonien gewachsen sind

tigung finden. Solche „In-vitro-Phase-II-Studien" werden vor allem in den USA an mehreren Zentren für neue Zytostatika angewendet [121, 231].

In Zusammenarbeit mit dem Tumor-Forschungslabor von Dr. Kraemer (Behring-Werke AG, Marburg) wurden 21 Nierentumoren nach der Salmon-Methode präpariert und ausgewertet; Abb. 50 und 51 zeigen Beispiele für in Soft-Agar gewachsene Nierentumorzell-Kolonien gemäß dem Clonogenic-Assay.

Abbildung 52 zeigt ein repräsentatives Beispiel eines ausgetesteten Nierentumors in der Dosis-Wirkungs-Analyse gegenüber verschiedenen Zytostatika.

Keine der untersuchten Nierenzellkarzinome zeigten eine ausreichende Sensitivität gegenüber den genannten Zytostatika, die eine klinische Anwendung am Patienten gerechtfertigt hätten.

Die gleichzeitig durchgeführte In-vitro-Therapeutika-Austestung nach dem HTCA bestätigte die Daten des in Hannover entwickelten In-vitro-Therapeutika-Kurzzeit-Assays (s. dazu 8.3–8.4). Wie bereits unter 8.4 erläutert, liegen die Vorteile des In-vitro-Kurzzeit-Assays gegenüber dem HTCA-Verfahren in der höheren Tumorzellangehquote, der einfacheren Handhabung ohne kostenintensive technische Zusatzeinrichtungen und der kürzeren Zeitdauer bis zur Versuchsauswertung.

Kapitel 9

Zusammenfassende Diskussion

Grawitz war in den 80er Jahren des letzten Jahrhunderts der erste, der sich pathomorphologisch mit dem Nierenzellkarzinom des Menschen beschäftigte. Seine deskriptiven Bezeichnungen der typischen, makroskopisch gelben Tumorareale haben auch heute noch Gültigkeit. Somit ist die Benennung dieser Malignomart als Grawitz-Tumor weiterhin berechtigt. Mikroskopisch finden sich verschiedene Zellformen und Gewebsverbände, u.a. der sog. Klarzelltyp, der auch als Grawitz-Typ bezeichnet wird. Hier zeigen sich charakteristische Pflanzenzellstrukturen. Die Theorie von Grawitz zur Tumorgenese (Entartung von in das Nierenparenchym versprengten Nebennierenrindenzellen) konnte jedoch nicht bestätigt werden. Elektronenmikroskopische und immunhistochemische Untersuchungen weisen darauf hin, daß die Malignomzellen dem proximalen Tubulusabschnitt der Niere entstammen.

Breit angelegte epidemiologische Untersuchungen zur Identifizierung möglicher Karzinogene, wie sie z.B. für die Entstehung von Urothelkarzinomen seit langem bekannt sind, bleiben bisher ohne klare Hinweise auf derartige Zusammenhänge. Es ließen sich keine definierbaren Risikogruppen abgrenzen. Somit läßt sich hinsichtlich dieses Tumortyps, der immerhin 3% aller Malignome im Erwachsenenalter ausmacht, auch kein sinnvolles Krebsfrüherkennungsscreening rechtfertigen. In den zurückliegenden 100 Jahren konnten dank überzeugender Verbesserungen der Operationstechniken und der perioperativen Patientenversorgung entscheidende Fortschritte in der Behandlung des organbegrenzten Nierenzellkarzinoms (NZK) erzielt werden. Die radikale Tumornephrektomie im Stadium I und II unter Mitnahme der Nebenniere und des perirenalen Fettgewebes einschließlich der Gerota-Faszie hat weltweit als Standardtherapie Geltung erlangt. So beträgt beispielsweise die 5-Jahres-rezidivfreie Überlebensrate nach alleiniger radikaler Tumornephrektomie im Stadium pT_2 mehr als 80%. Jedoch vom Zeitpunkt der erfolgten Metastasierung an sind die Überlebenschancen seit Jahrzehnten unverändert schlecht. Dieses ist um so problematischer, da etwa 20 bis 30% aller Nierenzellkarzinome bereits zum Zeitpunkt der Diagnose nachweisbar metastiert haben. Bei diesem Solidtumortyp konnte im Gegensatz zu dramatischen Heilungserfolgen wie etwa bei hämatopoetischen Malignomen, Hoden- oder Ovarialkarzinomen bisher kein entscheidender Durchbruch weder durch den Einsatz von Chemotherapeutika, noch durch Radiatio oder Immuntherapie erreicht werden. Die Ursachen für die Therapieresistenz aufzudecken, ist eine zentrale Herausforderung, der sich die urologische Onkologie heute stellen muß, nachdem operativ optimale Resultate beim lokalisierten NZK zu erzielen sind.

Besonders zu berücksichtigen sind die chirurgischen Interventionen bei einer Sonderform des „regional-wachsenden" Nierenzellkarzinoms, dem Kavatumorthrombus. 5–10% aller NZK bilden Kavatumorthromben in unterschiedlichster Ausdehnung. Damit ist es absolut und relativ gesehen die häufigste Tumorart mit dem Auftreten dieser Sonderform der Tumorausbreitung, die nach der derzeit gültigen UICC-Klassifikation als Stadium pT_{3b} benannt wird. Diese Form der Tumorausbreitung beim NZK bildet eine Zwischenstellung hinsichtlich lokalem und metastasiertem Tumorwachstum. Das Niveau der Nierenkapsel wird definitionsgemäß überschritten, der Tumorthrombus schiebt sich durch appositionelles Wachstum in präformierten Hohlräumen vor und infiltriert extrem selten direkt in die Gefäßwand. Daraus läßt sich die auch wesentlich günstigere Prognose für diese Patientengruppe ableiten, sofern sie keine Lymphknoten- oder Fernmetastasen aufweisen. Die 5-Jahresüberlebensrate liegt für diese Patienten immerhin noch bei 30%, während weniger als 10% der Patienten in metastasierten Stadien 5 Jahre überleben, unabhängig davon, ob Kavatumorthromben zum Operationszeitpunkt vorhanden waren. Im eigenen Kollektiv von 40 Patienten mit Kavatumorthromben überlebte kein Patient mit Metastasierung länger als 3 Jahre. Die Ausdehnung des Tumorthrombus in der Kava hatte dabei keinen Einfluß auf die Überlebensrate im Follow-up. Dieses steht in Einklang mit den Resultaten aus der Literatur. Da bislang – wie bereits erwähnt – keine erfolgversprechende systemische oder Strahlentherapie zur Verfügung steht, liegt für diese Patienten mit Kavatumorthromben ohne nachweisbare Metastasierung die einzige Chance in einer Radikaloperation, wenn erforderlich mit Ausräumung der Vena cava bis hoch zum rechten Vorhof.

Umstritten ist dagegen nach wie vor der therapeutische Wert der regionären Lymphadenektomie. Aufgrund von bisher lediglich retrospektiven Untersuchungen (teilweise mit nicht klar definiertem Patientenmaterial und einem nicht exakt festgelegten operativen Vorgehen) wird die Meinung vertreten, daß die radikale retroperitoneale Lymphadenektomie (großzügige Ausräumung des retroperitonealen Lymphgewebes) die Rezidivquote im Stadium I und II signifikant senke, während bei bereits vorhandener Metastasierung (Stadium III u. IV) die Lymphadenektomie keine prognostische Verbesserung bringe. Es gibt allerdings auch

Untersuchungen, die diesen therapeutischen Wert der Lymphadenektomie nicht belegen. Eine derzeit laufende prospektive, randomisierte EORTC-Studie soll den tatsächlichen therapeutischen Wert der Lymphadenektomie in den Stadien I und II klären.

Nicht umstritten ist der diagnostische Wert der radikalen Lymphadenektomie, weil dadurch etwa 30% mehr Lymphknotenmetastasen histologisch erfaßt werden, die zuvor in der bildgebenden Diagnostik als nicht vergrößert und somit als nicht suspekt erschienen.

20–30% aller NZK-Patienten weisen zum Zeitpunkt der Erstdiagnostik bereits Lymphknoten- und Fernmetastasen auf. Es gibt Hinweise aus der Literatur, allerdings sind die Zahlen jeweils relativ klein, daß die operative Entfernung von solitären Fernmetastasen bessere Überlebensraten zeigt, verglichen mit dem Durchschnitt der metastasierten Fälle. Eine mögliche Erklärung ist die Theorie der Tumormassenreduktion als Voraussetzung für das erfolgreiche Eingreifen des ansonsten überforderten körpereigenen Immunsystems. Neue Wege in diese Richtung geht die Immuntherapie mit dem Einsatz von sog. „biological response modifiers" (z. B. Interferone, Interleukin-2 (IL-2)) oder hochspezieller Therapiesysteme wie die Applikation von *l*ymphokin-*a*ktivierten *K*illerzellen (sog. LAK-Zellen) oder von „*z*ytotoxischen *t*umor-*i*nfiltrierenden *L*ymphozyten" (cTIL-Zellen). Das Prinzip dieses Therapieansatzes beruht auf einer spezifischen Aktivierung von körpereigenen immunkompetenten Zellen gegenüber dem als fremd zu erkennenden Tumorgewebe, das es selektiv zu zerstören gilt.

Einen ebenfalls spezifischen Angriff hatte man sich von der ehemals hochaktuellen hormonellen Therapie versprochen. Der theoretische Ansatz für diese Therapieform basiert auf den tierexperimentellen Arbeiten von Kirkman und Bacon aus dem Jahre 1949. Durch Langzeitgabe von Diäthylstilböstrol, einem Östrogenpräparat, entwickelten syrische Hamster Nierentumoren, die histomorphologisch dem Klarzelltyp menschlicher Nierenmalignome entsprachen. Von der Annahme ausgehend, daß menschliche Nierenkarzinome Östrogenhormonrezeptoren exprimieren und daher durch eine entsprechende antihormonelle Therapie supprimiert werden können, wurden seit Beginn der 70er Jahre Anti-Östrogene in fortgeschrittenen Stadien eingesetzt. Die Therapieergebnisse waren – wie anhand der Literatur zu verfolgen – mäßig, wenn auch immer wieder über sensationelle Heilerfolge in Einzelfällen berichtet wurde. Im eigenen Krankengut konnte ebenfalls eine dramatische Tumorregression bei nachgewiesener Metastasierung unter Tamoxifen als Anti-Östrogen beobachtet werden. Es ist dabei jedoch zu berücksichtigen, daß einzelne außergewöhnliche spontane Regressionen vom Primärtumor und von Metastasen an jeder größeren Institution beobachtet werden, an denen das NZK behandelt wird. In der Literatur wird die

Häufigkeit von kompletten Spontanremissionen mit 0,5–4% nach alleiniger Tumornephrektomie angegeben. Damit ist das NZK nach dem Melanom die zweithäufigste Malignomart mit dem Phänomen der spontanen Tumorregression. Über die spontane Remission von Lungenmetastasen nach Tumornephrektomie wurde erstmals 1928 von Bumpas berichtet. 1957 ist der erste Literaturhinweis über die Spontanremission einer histologisch nachgewiesenen NZK-Metastase zu finden. Berücksichtigt man dieses, so unterscheidet sich die Remissionsrate unter hormoneller Therapie des metastasierten NZK nicht wesentlich von der Spontanrate. Ganz im Gegensatz zum Mammakarzinom sind konsequente biochemische Untersuchungen über das tatsächliche Vorhandensein der propagierten Steroidhormonrezeptoren spärlich und widersprüchlich. Wenn man die publizierten Werte unter dem Gesichtspunkt ihrer möglichen biologischen Aktivität interpretiert – hier wurden die Grenzwerte für die Steroidhormonpositivität aus der Mammakarzinomdiagnostik herangezogen – so liegen nahezu alle Werte unter 20 fmol/mg Proteingewicht und damit in einem Bereich, der gegen jede biologische Bedeutung spricht. Eigene Untersuchungen an 42 verschiedenen Nierenzellkarzinomen wurden sowohl biochemisch als auch immunhistochemisch für die Estradiol- und Progesteron-Rezeptorbestimmung im Zytoplasma durchgeführt. Dabei erfolgte erstmals beim NZK die Estradiolbestimmung im Zellkernkompartiment mittels des Radioimmunoassays (RIA). Es fanden sich keinerlei Hinweise auf die benannten Steroidhormonrezeptoren, auch ließ sich keine Estradiolanreicherung im Zellkern gegenüber dem jeweiligen Estradiolplasmaspiegel des dazu korrespondierenen Patienten nachweisen. Desweiteren ergaben sich keinerlei Anhaltspunkte für einen „funktionellen Rezeptorverlust“, wie er beispielsweise beim hormonabhängigen Mamma- oder Uterusgewebe bekannt ist. Diese Untersuchungen konnten damit bestätigen, daß das NZK völlig hormonunabhängig wächst und damit eine Therapie mit dem Ziel der Blockade hormonabhängiger Stoffwechselvorgänge keinen Ansatz findet.

Konnte die Präsenz von spezifischen Hormonrezeptoren an der Oberfläche von Nierenkarzinomzellen *nicht* erbracht werden, so gelang es statt dessen in der hier vorgelegten Arbeit, einen anderen Typus von hochspezifischen Oberflächenantigenen nachzuweisen: die sog. zellkerngebundenen proliferationsassoziierten Antigene. Diese erlauben eine prognostisch relevante Aussage über das individuelle biologische Aktivitätsverhalten des untersuchten Tumorgewebes. – Informationen über die exakte Proliferationsrate von Geweben als biologischer und somit klinisch verwertbarer Parameter waren solange rar, wie kein routinemäßig anwendbares Bestimmungsverfahren zur Verfügung stand. So war man bis zur wichtigen Entdeckung des mit „Ki-67“ bezeichneten proliferationsassoziierten Antigens durch J. Gerdes (1983, damals an Lymphgewebe durchgeführt) allein auf aufwendige radiographische Methoden angewiesen: Mit der Thymidineinbaurate gelang nur indirekt die Differenzierung teilungsaktiver Zellen gegenüber ruhenden Zellen auf der Basis der DNA-Synthese unter Verwendung radioaktiv markierten Thymidins, welches von den ihre DNA-Masse verdoppelnden Zellen vermehrt eingebaut wird.

Mit dem immunhistochemischen Nachweis des Ki-67-Antigens war jetzt die Identifikation und somit Charakterisierung von proliferierenden Zellen direkt möglich. Dieses Antigen wird von allen Geweben – unabhängig von einer malignen Transformation – in allen aktiven Zellteilungsphasen exprimiert, nicht dagegen in der G_0-Ruhephase! Der wesentliche Fortschritt in einer routinemäßigen Bestimmung der Proliferationsrate gelang J. L. Cordell 1984 mit Einführung einer eleganten färbetechnischen Methode, der sog. „APAAP"-Technik. Am Gewebsschnitt („frozen section") werden proliferierende Zellen mittels immunologischer Kopplung des APAAP-Komplexes (APAAP, „alkaline phosphatase anti alkaline phosphatase") an den spezifisch gebundenen Ki-67-Antikörper enzymatisch durch Umschlag eines Markierungsfarbstoffes (z. B. „fast red": von farblos in rot) lichtmikroskopisch dargestellt. Am nativen Gewebsschnitt erlaubt dieses Nachweisverfahren damit die exakte quantitative Bestimmung der proliferierenden Zellen gegenüber ruhenden Zellen. Der prozentuale Anteil der proliferierenden Zellen wird als Proliferationsrate (PR) bezeichnet. Die proliferative Potenz des Nierenmalignomgewebes weist eine hohe Korrelation mit dem Tumordifferenzierungsgrad (G_1, G_2, G_3) auf, nicht dagegen mit der Tumorausdehnung (pT-Stadium). Die Tumorausdehnung kann mit der Proliferationsrate nicht vorausgesagt werden. Dies ist andererseits auch eine logische Konsequenz, da die individuelle Tumorausdehnung aus der Proliferationsrate und der Zeitdauer des Tumorwachstums resultiert, wobei letztere immer unbestimmbar bleibt. Langsam wachsende Tumoren benötigen eine längere Zeitdauer, um ein bestimmtes Tumorvolumen und damit ein bestimmtes Tumorstadium zu erreichen als hochproliferative Tumoren. Wie erste klinische Daten dieser Arbeit belegen, scheint bei *identischem* Staging und Grading die Bestimmung der Proliferationsrate ein zusätzlich wichtiger prognostischer Faktor zu sein, um Risikopatienten zu erfassen. Bei vielen Solidtumoren und hier insbesondere beim Nierenzellkarzinom liegen die Proliferationsraten sehr niedrig: die Proliferationsrate der 28 untersuchten Nierentumoren lag zwischen 1 und 15%, wobei 75% eine PR < 10% aufwiesen. Im Vergleich dazu beträgt die durchschnittliche Proliferationsrate bei malignen Hodentumoren 60%. Hier zeigt sich ein Ansatz in der hypothetischen Erklärung der empirisch bekannten Therapieresistenz des NZK: Erfolgreiche Angriffspunkte für eine Strahlen- oder Chemotherapie können nur vulnerable – d. h. in der Zellteilung befindliche – Zellen sein. Ruhende Zellen werden nicht zerstört. Solide Tumoren mit nur relativ wenigen proliferativen Zellen zeigen – daraus ableitbar – eine natürliche Resistenz gegenüber den genannten Therapieformen. Geichzeitig findet dieser immunhistochemische Befund von nur niedrigen Proliferationsraten beim NZK ihre Bestätigung in der Beobachtung von nur sehr vereinzelten Mitosen in der Chromosomendirektpräparation von nativem Tumorgewebe. Deshalb sind derartige Präparationsmethoden auch ungeeignet, um repräsentative und reproduzierbare tumorzytogenetische Befunde zu erheben. Dies ist der Grund, daß bisher lediglich spärliche und teilweise widersprüchliche zytogenetische Berichte für das Nierenzellkarzinom vorliegen. Es wurde deshalb nach einer Methode gesucht, mit der es gelingt, Solidtumorzellen – hier Nierenkarzinomzellen – zur DNA-Synthese und Teilung anzuregen, um an diesen teilungsaktiven Zellen die gewünschte Karyotypisierung vorzunehmen oder um an ihnen Wirkungen nach beispielsweise Zytostatikagabe oder respektive immunologischen Behandlungsmethoden zu studieren. Mit der hier vorgestellten immunzytochemischen Färbetechnik konnte gezeigt werden, daß nach In-vitro-Präparation des Tumorgewebes die Proliferationsraten der entsprechenden Frühkulturen auf 80% und mehr ansteigen. Wesentliche Gründe dafür sind die Selektion hochproliferativer Zellkloni und günstigere nutritive Bedingungen in vitro verglichen mit der In-vivo-Situation im ursprünglichen Tumor. Nutritive Bedingungen scheinen in vivo für das Ausmaß der Proliferation relevant zu sein, da in den analysierten Nierenzellkarzinomen die PR peripher im Tumorgewebe stets höher lag als zentral im Tumor, wo schlechtere Durchblutungsverhältnisse und damit ungünstigere Ernährungsbedingungen existieren.

In vitro werden beim NZK ausreichend viele Mitosen vorgefunden, wie sie ansonsten nur spontan in vivo bei hämatopoetischen Malignomen gesehen werden. Dies ist – historisch gesehen – der Grund, daß die ersten tumorzytogenetischen Befunde bei Menschen mit hämatopoetischen Malignomen erhoben wurden (bereits 1960 Entdeckung des „Philadelphiachromosoms" bei chronisch-myeloischer Leukämie). In einem eigenen Kapitel dieser Arbeit wird die Methodenentwicklung für die Gewinnung von möglichst reinen Nierentumorzellkulturen beschrieben. Es ist zu berücksichtigen, daß natives Tumorgewebe in einem unterschiedlichen Ausmaß normale Stromazellen enthalten, aus denen dann in vitro u. a. Fibroblasten auswachsen. Präparationstechnisch wurde ein kombiniertes mechanisch-enzymatisches Verfahren entwickelt. Die Zellverbände wurden in einer vergleichenden Studie sowohl auf Einzelzellsuspension als auch auf Verbände von je 15–20 Zellen (sog. Zellclustermethode) präpariert. Die Einzelzellsuspensionen zeigten dabei einen deutlich höheren Anteil an normalen diploiden Metaphasen verglichen mit der Zellclustermethode. Dies bedeutet für die Einzelzellpräparationstechnik eine schwer kontrollierbare „Verunreinigung" mit Normalzellen bzw. Stromazellen. Somit wurde für weitergehende tumorzytogenetische Untersuchungen für das NZK die Zellclusterpräparationsmethode favorisiert. Bei 25 tumorzytogenetisch analysierten NZK fanden sich in 88% (22/25) drei verschiedene Veränderungen am Chromosom 3:

1. Verlust des gesamten Chromosoms 3.
2. Verlust des kurzen Arms von 3p, *ohne* Translokation.
3. Deletion *mit* Translokation von anderen Chromosomen auf das durch Deletion veränderte Chromosom 3 am Abschnitt p.

In 84% (21/25) kam es zu einem Chromosomenverlust am kurzen Arm des Chromosoms 3, wobei der „break-point" in der Region 3p11.2–3p13 zu finden war. In einigen Fällen war die Deletion 3p die einzige beobachtete Chromosomenaberration. In Kombination mit der Deletion-3p wurden weitere strukturelle und numerische Aberrationen an anderen Chromosomen beobachtet. Offensichtlich ist der Verlust des Chromosomensegmentes 3p die erste zytogenetisch erkennbare Chromosomenveränderung des NZK. Vom Autor wird daher das Chromosom 3 auch als „Markerchromosom" für das NZK bezeichnet. Weitere Aberrationen scheinen erst in der Folge zu entstehen. Diese Sekundäraberrationen sind am ehesten Folge der auftretenden genetischen Instabilität am Markerchromosom 3. Welche exakten molekulargenetischen Mechanismen am Chromosom 3 hinsichtlich der Tumorgenese ablaufen, bleiben spekulativ. Auf dem bezeichneten Abschnitt des Chromosom 3 wird ein rezessives „Kontrollgen" vermutet, das für die Wachstumsregulation und Differenzierung von normalen Tubuluszellen der Niere verantwortlich ist. Der Verlust dieses Genabschnittes führt zum unkontrollierten Wachstum von Nierentubuluszellen mit der phänotypischen Ausbildung eines Nierenzellkarzinoms. In 3 Fällen konnte keine Aberration am Markerchromosom festgestellt werden. Hier ist zu vermuten, daß diese Mutation bzw. der DNA-Verlust im submikroskopischen Bereich zu suchen ist. Dieses Phänomen wird als Punktmutation bezeichnet, wie bereits analog in der Literatur für das Retinoblastom und den Wilms-Tumor beschrieben. Anhand der vorgestellten zytogenetischen Untersuchungsserie ergeben sich weitere wichtige Aussagen für das Nierenzellkarzinom: Bereits Tumoren mit einer Größe unter 2 cm zeigen das Vollbild chromosomaler Veränderungen einschließlich Markerchromosom. Somit läßt sich der empirisch geprägte Ausdruck „Nierenadenom" (mit rein benigner oder semimaligner Potenz) für diese kleinen Nierentumoren nicht mehr rechtfertigen. Sie sind aus tumorzytogenetischer Sicht Malignome mit einem Metastasierungspotential.

Diese Erkenntnis wird durch einen aktuellen, in dieser Arbeit noch nicht erwähnten Fall bestätigt: Ein solitärer Nierentumor von 1 cm Durchmesser hatte bei einem 58jährigen Patienten zu einer diffusen, histologisch gesicherten Metastasierung geführt. Weiter wurde erstmals zytogenetisch nachgewiesen, daß in einer Niere multizentrisch verschiedene Tumoren entstehen können, also nicht Folge einer Metastasierung sind, weil sie zytogenetisch unvereinbar divergente Befunde liefern.

In dieser Serie von zytogenetischen Untersuchungen fanden sich zufällig 2 licht- und elektronenmikroskopisch verifizierte Onkozytome. Onkozytome sind mit einem Anteil von ca. 1–2% aller Nierentumoren relativ seltene Tumoren. Die Abgrenzung des Onkozytoms gegenüber dem Nierenzellkarzinom war bisher umstritten; einige Autoren sahen diese Tumorform aufgrund des fehlenden oder nur sehr geringen Metastasierungspotentials als Präkanzerose oder Vorstufe des NZK an, zumal sich morphologisch fließende Übergänge zu hochdifferenzierten Formen des NZK finden. Zytogenetische Untersuchungen beim Onkozytom lagen bisher nicht vor. Erstmals konnten derartige Befunde anhand dieser 2 analysierten Fälle erhoben werden. Dabei wurden keine Veränderungen am Chromosom 3 gefunden, verändert waren die Chromosomen 1, 5, 7, 13 und 19. Unter der Einschränkung, daß zytogenetische Untersuchungen an lediglich 2 Onkozytomfällen allein nicht hinreichend aussagekräftig sind, stützen diese Resultate dennoch die Hypothese, daß es sich beim Onkozytom um einen völlig differenten Tumortyp mit einer eigenen Pathogenese handelt. In beiden Onkozytomfällen zeigten sich Aberrationen am Chromosom 13. Ob Chromosom 13 – ähnlich wie Chromosom 3 beim NZK – als „Markerchromosom" beim Onkozytom anzusehen ist, bleibt aufgrund der zu geringen Fallzahl spekulativ. Beide Onkozytomfälle hatten aber eindeutige chromosomale Aberrationen, so daß es sich aus zytogenetischer Sicht um maligne transformierte Zellen handelte. Eine größere, tumorzytogenetisch aufgearbeitete Fallzahl ist notwendig, um diese chromosomalen Befunde zu bestätigen und den Verlauf zuzuordnen. Aufgrund der sehr selten auftretenden Metastasierung des Onkozytoms bedeutet schon die Nephrektomie in den meisten Fällen eine ausreichende Therapie mit einer günstigen Prognose im Follow-up. Zusätzliche systemische Therapieformen, wie etwa Zytostatikagaben, stehen nicht zur Diskussion. Dagegen steht beim metastasierten NZK mit seiner schlechten Prognose der behandelnde Arzt unter therapeutischem Zugzwang. Wie bereits ausführlich erläutert, stehen bislang keine wirksamen Therapiemaßnahmen zur Verfügung. Da klinisch-empirisch in den vergangenen Jahrzehnten keine entscheidende Verbesserung für diese Patientengruppe erreicht werden konnte, gilt es daher, geeignete Verfahren zur Wirksamkeitsprüfung von neuen Chemotherapeutika und immunologischen Behandlungsformen zu entwickeln, die bereits präklinisch eine Selektion von erfolgversprechenden Substanzen ermöglichen. Auf diese Weise soll den Patienten eine unnötige zusätzliche Belastung durch neu aufgelegte klinische Studien erspart werden, wenn bereits am Testmodell eine Therapieresistenz abzulesen ist. Das Ansprechen im Modell eröffnet die Möglichkeit der Patientenselektion mit Erhöhung der Responderrate gegenüber den bisher bekannten Zahlen. Ein derartiges Testmodell ist die In-vitro-Zellkultur. Die weiteste Verbreitung hat der Soft-agar-Stammzellassay (Synonyme sind: „clonogenic assay", „human tumor cloning assay" (HTCA) Salmon-Assay) erlangt. Das Grundprinzip dieser Methode beruht auf der Präparation von Einzelzellsuspensionen mit anschließender Einbringung auf einen halbfesten Soft-agar-Nährboden. Diese Einzelzellsuspension wird nach enzymatischer Einwirkung von Kollagenase bzw. Trypsin auf das vorbereitete Tumorgewebe erhalten. Die daraufhin langsam in Agar heranwachsenden kugeligen Kolonien entstammen jeweils einzelnen Zellen. Solchen Tumorzellkulturen können im Sinne eines „Onkobiogramms" verschiedene Medikamente (z. B. Zytostatika) in unterschiedlichsten Dosierungen und Kombinationen zugesetzt werden. Im Falle der prädiktiven Therapeutikaaustestung werden die In-vitro-Therapeutikakonzentrationen so berechnet, wie sie in vivo den Plasmakonzentrationen beim Patienten entsprechen (standardisierte Berechnung von In-vivo- auf In-vitro-Bedingungen). Zahl und Größe behandelter Tumorzell-Kolonien im Vergleich zu unbehandelten Kontrollgruppen werden als Kriterium einer möglichen therapeutischen Wirksamkeit herangezogen und mittels aufwendiger computergesteuerter Bildanalyse ausgewertet. Für eine Reihe von Malignomarten (z. B. Ovarial-, Mamma- und Bronchialkarzinome) liegen bereits umfangreiche klinische Erfahrungen zur Überprüfung der Prädiktivität dieses Testverfahrens vor. Hervorzuheben ist, daß eine therapeutische Resistenz für den korrespondierenden Patienten mit einer etwa 90%igen Wahrscheinlichkeit richtig vorhergesagt wurde. Die Sensitivität wurde dabei in vivo nur in 50–70% der getesteten Fälle zutreffend vorausgesagt, was bedeutet, daß sich die Tumorerkrankung bei ca. einem Drittel aller Patienten resistent gegenüber dem im Test für wirksam befundeten Therapeutikum erwies. Mögliche Gründe dafür, wie etwa die Clonal-selection-Theorie, sind im Rahmen des Tumorzellproliferationsverhaltens in vitro weiter oben bereits erläutert worden.

Bezogen auf das Nierenzellkarzinomgewebe zeigt das Soft-agar-Verfahren 3 wesentliche Nachteile:

1. Die Tumorzellangehquote liegt lediglich bei 50–60%, d. h. für etwa die Hälfte aller betroffenen Patienten ist ein adäquates Testergebnis nicht zu erhalten.

2. Die Wachstumszeit in vitro bis zum Vorliegen ausreichend dichter Tumorzellkolonien, wie sie zum Austesten benötigt werden, dauert 4–6 Wochen. Bis zum Erhalt der endgültigen Auswertung vergehen 6–8 Wochen. Dieser Zeitraum ist für einen sofortigen postoperativen Einsatz von Therapeutika relative lang.
3. Das Präparationsverfahren einschließlich der erforderlichen technischen Ausstattung mit computergesteuerter Bildauswertung ist sehr aufwendig und daher an professionelle onkologisch ausgerichtete Labors gebunden. Eine breite Anwendung als Routinediagnostik ist daher für ein großes Patientenklientel nicht durchführbar.

Es liegt daher nahe, diese Methodik der Zellkultivierung und Testauswertung einerseits zu vereinfachen und andererseits so zu verbessern, daß bei den präparatorisch empfindlichen Nierenmalignomzellen akzeptable Angehquoten erreicht werden. In einem vom Autor weiter entwikkelten In-vitro-Kurzzeittest wird durch Kombination von schonender mechanischer Gewebszerkleinerung und reduzierter enzymatischer Trennung der Gewebsverbände die Tumorzellangehquote auf über 90% verbessert. Das bedeutet, daß nahezu von jedem betroffenen Patienten eine Zellkultur angelegt und somit ein In-vitro-Testergebnis erhalten werden kann. Dies stellt eine relevante Verbesserung gegenüber dem Salmon-Verfahren dar, wo nur bei jedem zweiten Patienten dieses gelingt. Bei der hier beschriebenen Methode wird die Kollagenaseeinwirkung im Stadium von 15–20 Zellen pro Verband (sog. Zellcluster) abgebrochen, ganz im Gegensatz zum Salmon-Verfahren, wo bis auf Einzelzellsuspension die enzymatische Gewebsaufbereitung erforderlich ist. Durch den „Coatingeffekt" bei der Zellclustermethode werden die zentral im Verband liegenden Zellen vor der Proteolyse geschützt, während beim Salmon-Verfahren alle Zellen eine mehr oder weniger starke proteolytische Schädigung der Zellmembran erfahren. Da Tumorzellen für derartige Schädigungen wesentlich empfindlicher als Normalzellen sind, erklärt sich dadurch die schlechtere Tumorzellangehquote. Wie ausführlich erläutert, kann bei den nach der Zellclustermethode in vitro wachsenden Nierenmalignomen nahezu regelmäßig eine tumorzytogenetische Karyotypisierung durchgeführt werden, die reproduzierbare Ergebnisse liefert. Desweiteren haben sich diese Tumorzellkulturen aufgrund ihrer hohen Proliferationsrate und ihrer einfachen Handhabung für das routinemäßige Anlegen von Onkobiogrammen bewährt. Die notwendige Inkubationszeit mit auszutestenden Therapeutika ist wesentlich verkürzt gegenüber dem Salmon-Assay, aussagekräftige Ergebnisse über eine Unwirksamkeit (Resistenz) bzw. potentielles In-vivo-Ansprechen liegen bereits 10–14 Tage nach der Tumornephrektomie vor. Die Sensitivitätsraten entsprechen den Erfahrungen des sehr aufwendigen Salmon-Assays. Aufgrund der hohen Prädiktivität der In-vitro-Tests hinsichtlich der therapeutischen Resistenz von Tumoren in vivo, also im Patienten, ist es dadurch möglich, neuentwickelte, jedoch therapeutisch unwirksame Substanzen bereits in der präklinischen Phase mit hoher Sicherheit zeit- und kostensparend zu eliminieren. Andererseits lassen sich mit dem beschriebenen In-vitro-Testverfahren kostengünstig und ohne Patientenbelastung bereits anläßlich von Phase-II-Studien für neue, potentiell wirksame Therapeutika der Kreis geeigneter Malignomarten eingrenzen, gegen die diese neuen Substanzen eingesetzt und damit letztendlich auch klinisch erprobt werden sollen. Auf diese Weise können frühzeitig, vor groß angelegten klinischen Studien, geeignete Patientengruppen und Indikationen ermittelt werden. Erst wenn neue Substanzen oder Substanzkombinationen in vitro bessere Therapieresultate im Vergleich zu bisher bekannten und klinisch eingesetzten Therapeutika liefern, ist es gerechtfertigt, Patienten im Rahmen klinischer Studien zu behandeln, um die tatsächliche In-vivo-Wirksamkeit zu ermitteln. Dadurch werden mit hoher Wahrscheinlichkeit klinische Studien an Patienten vermieden, die keine wesentliche Verbesserung bisheriger Therapieresultate erbringen und dadurch die in sie gesetzte therapeutischen Hoffnungen nicht erfüllen können. Es bleibt die innovative Aufgabe für die Zukunft, mit dieser In-vitro-Methode neue, wirksamere Therapiekonzepte beim metastasierenden Nierenzellkarzinom zum Vorteil der uns anvertrauten Patienten zu etablieren.

Kapitel 10

Zusammenfassung

Die dargestellten In-vivo- und In-vitro-Untersuchungen beim Nierenzellkarzinom werden vor dem Hintergrund der klinischen Problematik dieser Patienten diskutiert.

Für das Gesamtverständnis wichtig, sind in Kap. 1 und 2 morphologische und epidemiologische Daten sowie die verschiedenen klinischen Therapiemodalitäten und deren Ergebnisse aufgeführt. Beim lokalisierten Nierenzellkarzinom (Stadium I+II) ist die radikale Tumornephrektomie (unter Mitnahme der Nebenniere und in Kombination mit einer retroperitonealen Lymphadenektomie) die Therapie der Wahl:

In diesen Stadien beträgt die 5-Jahres-Überlebensrate 60–90%, eine schlechtere Prognose haben stadiengleiche Patienten mit zusätzlicher Cavatumorthrombusbildung (Kap. 2). Eine Zäsur hinsichtlich der Prognose wird deutlich beim Auftreten von Lokal- und/oder Fernmetastasen (Lungen- und Knochenfiliae sind die häufigsten Manifestationsformen): Die 1-Jahres-Überlebensrate beträgt nur etwa 10–25% (je nach Krankengut und Statistik). Etwa 20–30% aller Patienten weisen zum Zeitpunkt der Erstdiagnose bereits eine Metastasierung auf.

Im Gegensatz zu anderen Malignomerkrankungen (z. B. Hodenmalignom) stagnieren seit Jahrzehnten die Behandlungsergebnisse des metastasierten Nierenzellkarzinoms.

Gegenwärtig werden Patienten im Stadium III und IV nach verschiedenen konservativen Therapiekonzepten behandelt, die Response-Raten sind sämtlich enttäuschend (unter 25%).

Endokrine Behandlungsformen sind seit Beginn der 70er Jahre beim metastasierten Nierenzellkarzinom weit verbreitet. In größeren, aktuellen klinischen Studien sind jedoch die Remissionsraten (komplett und partiell) sehr niedrig (unter 10%). In der Literatur gehen die Meinungen über das tatsächliche Vorhandensein von Östrogen- und Progesteron-Rezeptoren beim Nierenzellkarzinom auseinander. Für die Steroidhormon-Rezeptor-Analyse wurden 42 verschiedene Nierenzellkarzinome (Kap. 3) sowohl biochemisch als auch immunhistochemisch aufgearbeitet: Estradiol- und Progesteron-Rezeptor-Bestimmung im Zytoplasma mittels der Agar-Elektrophorese bzw. der immunhistochemische Nachweis für den Estradiol-Rezeptor nach dem ER-ICA-Verfahren (Estrogen Rezeptor – Immuno Cytochemical Assay) sowie ferner die Estradiol-Bestimmung im Zellkern-Kompartiment mittels der RIA-Methode (dies erfolgte hier erstmalig für das NZK). Es fanden sich keinerlei Hinweise auf die benannten Steroid-Hormon-Rezeptoren, auch ließ sich keine Estradiolanreicherung im Zellkern gegenüber dem jeweiligen Estradiolplasmaspiegel des dazu korrespondierenden Patienten nachweisen. Auch ergaben sich keinerlei Anhaltspunkte für einen „funktionellen Rezeptorverlust", wie es beispielsweise beim hormonabhängigen Mamma- oder Uterusgewebe bekannt ist.

Kapitel 4 beschreibt ein routinemäßig anwendbares Verfahren zur immunhistochemischen Markierung des Proliferations-spezifischen Antigens (Ki-67-Assay). Mit Hilfe dieser Methode ist es möglich, individuell das biologische Wachstumspotential des Tumors zu ermitteln. Dieses korreliert mit dem Tumor-Differenzierungsgrad, nicht jedoch mit dem Tumorstadium.

Eine interessante morphologische Beobachtung in diesem Zusammenhang ist, daß die Proliferationsrate in der Tumorperipherie stets höher ist als zentral im Tumor. Es werden Fallbeispiele aufgeführt, wo bei gleichem Staging und Grading die Proliferationsrate im jeweiligen Tumor um den Faktor 5 differiert. Der klinische Verlauf der operierten Patienten wird mit der Proliferationsrate in Bezug gesetzt, anhand der bisherigen Daten scheint die Proliferationsrate einen wichtigen prognostischen Faktor neben Staging und Grading darzustellen. Die Proliferationsraten beim Nierenmalignom schwanken zwischen 1–15%, etwa 50% der untersuchten Fälle zeigen lediglich eine Proliferationsrate bis max. 5%. Der Anteil der Zellen, welche sich im DNA-synthetisierenden Zellzyklus befinden, ist zu gering, um über eine Proliferationshemmung mittels konventioneller Chemo- oder Strahlentherapie eine wesentliche Tumorregression im Patienten zu bewirken: Problem der Tumorreduktion bei langsam wachsenden Solidtumoren.

Als Voraussetzung für tumorzytogenetische Untersuchungen und für eine praediktive In-vitro-Therapeutika-Austestung an Tumormaterial wird in Kapitel 5 ein Präparationsverfahren vorgestellt: Durch Kombination von mechanischer Gewebszerkleinerung und enzymatischer Auflösung der Gewebsverbände (mittels Collagenase) ist es möglich, die Tumorzellangehquote auf etwa 95% zu verbessern. Es werden sog. „Cell-Cluster"-Suspensionen hergestellt, im Gegensatz zum Einzelzell-Suspensionsverfahren nach Salmon und Hamburger (dort beträgt die Angehquote nur 50–60%). Mittels dieses vorgestellten In-vitro-Präparationsverfahrens sind Tumorzell-spezifische Chromosomen-Aberrationen im Karyogramm reproduzierbar: In 88% der Fälle (22 von 25) findet sich eine Aberration am kurzen Arm des so benannten Marker-

Chromosoms 3 (Kap. 6). Dieses diente als Referenz-Methode zur Objektivierung für das tatsächliche Vorhandensein von Nierentumorzellen in der In-vitro-Primärkultur. Onkozytome (2 Fälle werden in Kap. 7 vorgestellt) haben dagegen keine Aberrationen am Marker-Chromosom 3. Daher liegt die Vermutung nahe, daß bei Onkozytomen eine andere Tumorgenese vorliegt und es sich nicht um eine Praecancerose des Nierenzellkarzinoms handelt.

In einem von uns entwickelten In-vitro-Kurzzeit-Assay wurden an 25 verschiedenen Nierenzellkarzinomen mehrere herkömmliche Zytostatika getestet (Kap. 8). Die Aussagen aus der von uns entwickelten In-vitro-Kurzzeit-Sensibilitäts-Testung ließen sich vom Human-Tumor-Cloning-Assay (Salmon-Verfahren) als Referenz-Methode bestätigen. Es ergibt sich die Möglichkeit, neuentwickelte Zytostatika in vitro im Vergleich mit bekannten Zytostatika auszutesten, um so bereits praeklinisch erfolgversprechende neue Therapeutika von solchen Substanzen zu differenzieren, von denen kein eindeutiger klinisch-therapeutischer Nutzen zu erwarten ist.

Insgesamt beinhaltet das hier Dargelegte eine Aufarbeitung, Aktualisierung und Weiterentwicklung des Verständnisses aus der Experimentalforschung des ‚humanen Nierenzellkarzinoms'. Eine weitergehende Klärung folgender, in der Einleitung aufgegriffener Fragen konnte erreicht werden:

Zu Frage 1, Pathogenese:

Aufgrund der zytogenetischen Untersuchungen ist das Chromosom 3 als ‚Marker-Chromosom' für das NZK anzusehen. Der Bruch am kurzen Arm des Chromosoms 3 ist ein initial wichtiger Schritt in der Pathogenese dieser Malignomart. Diesbezüglich unterscheidet sich das NZK vom Nieren-Onkozytom, so daß letzteres als eigenständige Malignomart und nicht als Präcancerose des NZK anzusehen ist.

Zu Frage 2, Zellkinetik:

Es wird in dieser Arbeit eine praktikable und reproduzierbare immunhistochemische Methode zur Bestimmung der tumorspezifischen Proliferationsrate beim NZK beschrieben. Die Proliferationsraten variieren bis max. 15% und werden in bezug mit dem tatsächlichen klinischen Verlauf der operierten Patienten gesetzt. Neben dem herkömmlichen Staging und Grading des Tumors scheint die tumorspezifische Zellkinetik ein wichtiger zusätzlicher prognostischer Parameter zu sein, um High-Risk-Fälle auch in Tumor-Frühstadien ohne Metastasierung erkennen zu können.

Zu Frage 3, Verbesserung der In-vitro-Zellpräparation:

Durch Weiterentwicklung der In-vitro-Zellpräparation konnte die bisher bekannte Tumorzell-Angehquote von 50–60% auf 95% verbessert werden. Das ist eine wesentliche Voraussetzung für die Durchführung tumorzytogenetischer Untersuchungen sowie für prädiktive Therapeutika-Sensitivitäts-Tests, da sonst für 40–50% der Patienten keine Versuchsergebnisse erzielt werden können.

Zu Frage 4, Etablierung eines wirksamen Therapie-Konzeptes:

Ein neues, klinisch wirksames Therapiekonzept konnte nicht etabliert werden. Allerdings bietet das hier dargelegte In-vitro-Testverfahren die Option, in Zukunft wirksamere neue Therapeutika im Vergleich mit herkömmlichen Substanzen zu erfassen, um sodann in vivo (also am Patienten) verbesserte Therapieergebnisse zu erzielen.

Literatur

1. Ackermann R (1988) Immunologische Aspekte in der Behandlung des Nierenkarzinoms. In: Staehler G (Hrsg) Das Nierenkarzinom, aktuelle Therapie. Springer, Berlin Heidelberg New York Tokyo, S 104–113
2. Alberto P, Senn HJ (1974) Hormonal therapy of renal carcinoma alone and in association with cytostastic drugs. Cancer 33:1226
3. Albrecht M, Simon WE, Hölzel F (1985) Individual chemosensitivity of in vitro proliferation mammary and ovarian carcinoma cells in comparison to clinical results of chemotherapy. J Cancer Res Clin Oncol 109:210–216
4. Allegra JC, Lippmann ME, Simon R, Thompson EB, Barlock A, Green L, Warren R (1979) Association between steroid hormone receptor status and disease-free interval in breast cancer. Cancer Treat Rep 63:1271–1277
5. Anton P, Tanke HJ, Lenis G, de Riese W, Jonas U (1988) Vergleichende In-vivo- und In-vitro-Untersuchungen des humanen Nierenzellkarzinoms: Messungen der DNS-Verteilung mit Hilfe der automatisierten Bildanalyse. 9. Symposium Experimentelle Urologie, 17.–18. 6. 1988, Aachen Abstract-Band, S 8
6. Arkless R (1965) Renal carcinoma: how it metastasizes. Radiology 84:496
7. Asal NR, Geyer JR, Risser DR, Lee ET, Kadamani S, Cherng N (1988) Risk factors in renal cell carcinoma. Cancer Detect Prev 13:263–279
8. Asal NR, Risser DR, Kadamani S, Geyer JR, Lee ET, Cherng N (1988) Risk factors in renal cell carcinoma. Cancer Detect Prev 11:359–377
9. Atzpodien J, Kirchner H (1989) Combined treatment of patients with advanced cancer using interleukin-2, interferon-alfa and autologous cytotoxic lymphocytes. Studienprotokoll der Abteilung Haematologie und Onkologie der Medizinischen Hochschule Hannover, vorgest. Januar 1989
10. Baisch H, Otto U, König K (1982) DNA content of human kidney carcinoma cells in relation to histological grading. Br J Cancer 45:878–886
11. Belldegrun A, Muul LM, Rosenberg SA (1988) Interleukin 2 expanded tumor-infiltrating lymphocytes in human renal cell cancer: isolation, characterization, and antitumor activity. Cancer Res 48:206–214
12. Bennington J, Beckwith J (1975) Tumors of the kidney, renal pelvis and ureter. Atlas of Tumor Path., 2nd Series, Fasc. 12, Washington
13. Bergerat JP, Herbrecht R, Dufour P, Jacqmin D, Bollack C, Prevot G, Bailly G, de Garis S, Juraschek F, Oberling F (1988) Combination of recombinant interferon alpha-2a and vinblastine in advanced renal cell cancer. Cancer 62:2320–2324
14. Bertoni F, Ferri C, Benati A, Bacchini P, Corrado F (1987) Sarcomatoid carcinoma of the kidney. J Urol 137:25–28
15. Blakeslee AF, Avery AG (1937) Methods of inducing doubling of chromosomes inplants. J Hered 28:392–411

16. Bloom HJ (1973) Hormone induced and spontaneous regression of metastatic renal cancer. Cancer 32:1006
17. Bojar H, Dreyfürst R, Balzer K, Satib W (1976) Estrogen-binding components in human renal cell carcinoma. J Clin Chem Clin Biochem 14:521–526
18. Bojar H (1984) Hormone responsiveness of renal cancer. World J Urol 2:92–98
19. Bonsib SM, Fischer J, Plattner S, Fallon B (1987) Sarcomatoid renal tumors, clinicopathologic correlation of three cases. Cancer 59:527–532
20. Boveri T (1914) Zur Frage der Entstehung maligner Tumoren. Fischer, Jena
21. Brosman SA (1985) The use of bacillus Calmette-Guérin in the therapy of bladder cancer in situ. J Urol 134:134–136
22. Brownson RC (1988) A case-control study of renal cell carcinoma in relation to occupation, smoking, and alcohol consumption. Arch Environ Health 43:238–241
23. Bumpas HC Jr (1928) The apparent disappearance of pulmonary metastases in a case of hypernephroma following nephrectomy. J Urol 20:185
24. Buzaid AC, Todd MB (1989) Therapeutic options in renal cell carcinoma. Semin Oncol 16, 1 [Suppl 1]:12–19
25. Campbell RJ, Broaddus SB, Leadbetter GW Jr (1985) Staging of renal cell carcinoma: cost-effectiveness of routine preoperative bone scans. Urology 25:326–329
26. Carini M, Selli C, Barbanti G, Bianchi S, Muraro G (1988) Pancreatic late recurrence of bilateral renal cell carcinoma after conservative surgery. Eur Urol 14:258–260
27. Casperson T, Gahrton G, Lindsten J (1970) Identification of the Philadelphia chromosome as a number 22 by quinacrine mustard fluorescence analysis. Exp Cell Res 63:238–244
28. Casperson T, Zech L, Johanson C (1979) Differential banding of alkylating fluorochromes in human chromosomes. Exp Cell Res 60:315–319
29. Cavalli F (1982) Die Chemotherapie urologischer Tumoren. In: Hohenfellner R, Zingg EJ (Hrsg) Urologie in Klinik und Praxis, Bd 1: Diagnostik, Entzündungen, Tumoren. Thieme, Stuttgart, S 487–489
30. Cavenee WK, Gryja TP, Philips RA, Benedict WF, Godbout R, Gallie BL, Murphree AL, Strong LC, White RL (1983) Expression of recessive alleles by chromosomal mechanisms in retinoblastoma. Nature (Lond) 305:779–784
31. Cherrie RJ, Goldman DG, Lindner A, de Kernion JB (1982) Prognostic implications of vena caval extension of renal cell carcinoma. J Urol 128:910–912
32. Clayman RV, Gonzalez R, Fraley EE (1980) Renal cell cancer invading the inferior vena cava: clinical review and anatomical approach. J Urol 123:157–163
33. Cockburn AG, de Vere White R (1984) Chemotherapy of advanced renal adenocarcinoma. World J Urol 2:136–141
34. Coerkamp EG, Kroon HM (1988) Cortical bone metastases. Radiology 169:525–528
35. Cohen AJ, Frederick P, Berg S (1979) Hereditary renal cell carcinoma associated with a chromosomal translocation. N Engl J Med 301:592–595
36. Cordell JL, Falini B, Erber NW, Ghosh AK, Abdulaziz Z, Macdonald S, Pulford KAF, Stein H, Mason DY (1984) Immunoenzymatic labeling of monoclonal antibodies using immune complexes of alkaline phosphatase and monoclonal antialkaline phosphatase (APAAP complexes). J Histochem Cytochem 32:219–229
37. Cordon-Cardo C, Reuter VE, Finstad CL, Sheinfeld J, Lloyd KO, Fair WR, Melamed MR (1989) Blood group-related antigens in human kidney: modulation of Lewis determinants in renal cell carcinoma. Cancer Res 49:212–218

38. Crawford ED, Woodside JR, Skinner DG, Blank BH, Kiker JD (1984) Vena cava tumor thrombus from renal cell carcinoma arising from adrenal vein. Urology 23:538–540
39. Davis WH (1989) Re: Phase I/II study of recombinant interferon in advanced renal cell carcinoma. J Urol 141:140
40. Day RS (1986) Treatment sequencing, asymmetry and uncertainty, protocol strategies for combination chemotherapy. Cancer Res 46:3876–3885
41. Dickersin GR, Colvin RS (1988) Pathology of renal tumors. In: Skinner DG, Lieskovsky G (eds) Diagnosis and management of genito urinary cancer. Saunders, Philadelphia, pp 118–149
42. Diedrich H, Freund M, Schmoll HJ, Wilke H, von Wassow P (1987) Phase II-trial of a combination therapy with vinblastine, alpha-human-leukocyte-interferon and Tamoxifen in advanced renal cell carcinoma (RCC). ECCO, 4th European Conference on Clinical Oncology and Cancer Nursing. Madrid, November 1–4, 1987, meeting, abstract, p 61
43. Dinney CPN, Gajewski B, Awad SA (1988) Stage and prognosis of renal cell carcinoma. J Urol 141:460 A
44. Douglas WHG, Dougherty EP, Philips GW (1977) A method for in situ embedding of cultured cells grown in plastic tissue culture vessels for transmission electron microscopy. Tissue Culture Association Manual 3:581
45. van Driel-Kulker AMJ, Mesker WE, van Velzen I, Tanke HJ, Feichtinger J, Ploem JS (1985) Preparation of monolayer smears from paraffin-embedded tissue for image cytometry. Cytometry 6:268–272
46. Droller MJ (1983) Immunology and immunotherapy in genitourinary cancer. In: Javadpour N (ed) Principles and Management of Urologic Cancer. Williams & Wilkins, Baltimore, p 127
47. Droller MJ (1985) Immunotherapy in genitourinary neoplasia. J Urol 133:1–5
48. Droz JP, Theodore C, Ghosn M, Lupera H, Piot G, De Forges A, Klink M, Rouesse J, Amiel JL (1988) Twelve-year experience with chemotherapy in adult metastatic renal cell carcinoma at the Institut Gustave-Roussy. Semin Surg Oncol 4:97–99
49. Dryja TP, Cavenee W, White R, Rapaport JM, Petersen R, Albert DM, Bruns GAP (1984) Homozygosity of chromosome 13 in retinoblastoma. N Engl J Med 310:550–553
50. Eidinger D, Morales A (1978) BCG immunotherapy of metastatic adenocarcinoma of the kidney. Natl Cancer Inst Monogr 49:330
51. Ellis IO, Hinton CP (1985) Immunocytochemical staining of breast carcinoma with the monoclonal antibody NCRS 11, a new prognostic indicator. Br Med J 290:881–883
52. Elson PJ, Kvols LK, Vogl SE, Glover DJ, Hahn RG, Trump DL, Carbone PP, Earle JD, Davis TE (1988) Phase II trials of 5-day vinblastine infusion (NSC 49842), L-alanosine (NSC 153353), acivicin (NSC 163501), and aminothiadiazole (NSC 4728) in patients with recurrence of metastatic renal cell carcinoma. Invest New Drugs 6:97–103
53. Emmott RC, Hayne LR, Katz IL, Scribner RG, Tawes TL (1987) Prognosis of renal cell carcinoma with vena caval and renal vein involvement. An update. Am J Surg 154:49–53
54. Fearon ER, Vogelstein B, Feinberg AP (1984) Somatic deletion and duplication of genes on chromosome 11 in Wilms' tumours. Nature (Lond) 309:176–178
55. Ferti-Passantonopoulou A, Panani A, Raptis S (1984) G-banded karyotype of a primary renal cell carcinoma. Cancer Genet Cytogenet 11:227–232

56. Figlin RA, de Kernion JB, Maldazys J, Sarna G (1985) Treatment of renal call carcinoma with alpha (human leukocyte) interferon and vinblastine in combination: a phase I–II trial. Cancer Treat Rep 69:263–267
57. Figlin RA, de Kernion JB, Mukamel E, Palleroni AV, Itri LM, Sarna GP (1988) Recombinant interferon alpha-2a in metastatic renal cell carcinoma: assessment of antitumor activity and anti-interferon antibody formation. J Clin Oncol 6:1604–1610
58. Finke JH, Tubbs R, Connelly B, Pontes E, Montie J (1988) Tumor-infiltrating lymphocytes in patients with renal cell carcinoma. Ann N Y Acad Sci 532:387–394
59. Foon K, Doroshow J, Bonnem E, Fefer A, Graham S, Grosh B, Narayan P, Elias L, Harvey H, Schulof R et al. (1988) A prospective randomized trial of alpha 2B-interferon/gamma-interferon or the combination in advanced metastatic renal cell carcinoma. J Biol Response Med 7:540–545
60. de Forges A, Rey A, Klink M, Ghosn M, Kramar A, Droz JP (1988) Prognostic factors of adult metastatic renal carcinoma: a multivariate analysis. Semin Surg Oncol 4:149–154
61. Fossa SD, De Garis ST, Heier MS, Flokkmann A, Lien HH, Salveson A (1986) Recombinant Interferon Alfa-2a with or without vinblastine in metastatic renal cell carcinoma. Cancer 57:1700–1704
62. Fossa SD (1987) Improved subjective tolerability of interferon by combination with prednisolone (letter). Eur J Cancer Clin Oncol 23:875–876
63. Fossa SD, De Garis ST (1987) Further experience with recombinant interferon alfa-2a vinblastine in metastatic renal cell carcinoma: a progress report. Int J Cancer [Suppl] 1:36–40
64. Fossa SD (1988) Is interferon with or without vinblastine the 'treatment of choice' in metastatic renal cell carcinoma? The Norwegian Radium Hospital's experience 1983–1986. Semin Surg Oncol 4:178–183
65. Fossa SD (1989) Recombinant Interferon-Alpha in metastatic renal cell carcinoma. In: New trends in diagnosis and treatment of renal cancer. 2nd Int. Symposium on Advances in Urologic Oncology, San Remo, March, 1989, Acta Medica:80
66. Fowler JE (1986) Failure of immunotherapy for metastatic renal cell carcinoma. J Urol 135:22–25
67. Francke U, Holmes LB, Atkins L (1979) Aniridia-Wilms' tumor association. Evidence for specific deletion of 11p13. Cytogenet Cell Gent 24:185–192
68. Fujioka T, Tanji S, Koike H, Kumagai K, Suzuki K, Aoki H, Banya Y, Kubo T, Ohhori T (1987) Effect of selective intra-arterial infusion of OK-432 against renal cell cancers. Hinyokika Kiyo 33:832–837
69. Geboers AD, de Mulder PH, Debruyne FM, Strijk SP, Damsma O (1988) Alpha and gamma interferon in the treatment of advanced renal cell carcinoma. Semin Surg Oncol 4:191–194
70. Gerdes J, Schwab U, Lemke H, Stein H (1983) Production of a mouse monoclonal antibody reactive with a human nuclear antigen associated with cell proliferation. Int J Cancer 31:13–20
71. Gerdes J, Dallenbach F, Lennert K (1984) Growth fractions in malignant non-Hodgkin's lymphomas (NHL) as determined in situ with the monoclonal antibody Ki-67. Hematol Oncol 2:365–371
72. Gerdes J, Lemke H, Baisch H, Wacker HH, Schwab U, Stein H (1984) Cell cycle analysis of a cell proliferation-associated human nuclear antigen defined by the monoclonal antibody K-67. J Immunol 133:1710–1715

73. Gerdes J, Pickhartz H, Brotherton J, Hammerstein J, Weitzel H, Stein H (1987) Growth fractions and Estrogen Receptors in human breast cancer as determined in situ with monoclonal antibodies. Am J Pathol 129:486–492
74. Gillis S (1983) Interleukin 2: biology and biochemistry. J Clin Immunol 3:1–13
75. Gliedman ML, Horowitz S, Lewis FJ (1957) Lung resection for metastatic cancer: 29 cases from the University of Minnesota and a collected review of 264 cases. Surgery 42:521
76. Golimbu M, Joshi P, Sperber A, Tessler A, Al-Askari S, Morales P (1986) Renal cell carcinoma: survival and prognostic factors. Urology 27:291–301
77. Grawitz P (1883) Die sogenannten Lipome der Niere. Virchows Arch [A]:93–99
78. Grimm EA, Mazumder A, Rosenberg SA (1982) Lymphokine activated killer cell phenomenon: Lysis of natural killer resistant fresh solid tumor cells by interleukin 2-activated autologous human peripheral blood lymphocytes. J Exp Med 155:1832–1841
79. Hanauske AR, Hanauske U, Von Hoff DD (1985) The human tumor cloning assay in cancer research and therapy: a review with clinical correlations. Curr Probl Cancer 9:1–66
80. Hanauske AR, Von Hoff DD (1985) Clinical correlations with the human tumor cloning assay. Cancer Invest 3:541–551
81. Hanke P, Schmelz D, Kramer W, Jonas D (1987) Lohnt die Chirurgie der solitären Metastase beim Nierenzellkarzinom? Verh. Ber. Dtsch. Ges. f. Urologie. Springer, Berlin Heidelberg New York Tokyo, S 257–260
82. Hansemann D (1890) Über asymmetrische Zellverteilung in Krebsen und deren biologische Bedeutung. Virchows Arch 119:299–321
83. Heinemann D, Smith PJ, Symes MO (1987) Expression of histocompatibility antigens and characterisation of mononuclear cell infiltrates in human renal cell carcinoma. Br J Cancer 56:433–437
84. Heney NM, Nocks BN (1982) The influence of perinephric fat involvement on survival in patients with renal cell carcinoma extending into the inferior vena cava. J Urol 128:12–20
85. Hermanek P, Sigel A, Chlepas S (1976) Histological grading of renal cell carcinoma. Eur Urol 2:189–191
86. Hermanek P, Sobin LH (1987) Classification of urological tumors. In: Hermanek P, Sobin LH (eds) TNM classification of malignant tumors. Fourth, fully revised edition. Springer, Berlin Heidelberg New York Tokyo, pp 137–139
87. Herr H, Pinsky C, Badalament R, Gnecco C, Wong G, Whitmore W, Oettgen H (1986) Randomized trial of maintenance versus no maintenance BCG in superficial bladder cancer. Proc ASCO 5:102
88. Herrlinger A, Schrott KM, Sigel A, Gliedl J (1984) Results of 381 transabdominal radical nephrectomies for renal cell carcinoma with partial and complete en-bloc lymphnode-dissection. World J Urol 2:114–121
89. Hienert VG, Latal D, Kuehboeck J, Rummelhardt S (1987) Das primär metastasierte Hypernephrom: Therapie und Verlauf. Z Urol Nephrol 80:669–674
90. Hienert VG, Latal D, Rummelhardt S (1988) Urological aspects of surgical management for metastatic renal cell cancer. Semin Surg Oncol 4:137–138
91. Holland JM (1973) Proceedings: cancer of the kidney: natural history and staging. Cancer 32:1030–1042
92. Hölzel F, Albrecht M, Simon WE, Hänsel M, Metz R, Schweizer J, Dietel M (1985) Effectiveness of antineoplastic drugs on the proliferation of human mammary and ovarian carcinoma cells in monolayer culture. J Cancer Res Clin Oncol 109:217–226

93. Hsu TC, Pomerat CM (1953) Mammalian chromosomes in vitro. A method for spreading the chromosomes of cells in tissue culture. J. Hered 44:23–29
94. Hultén L, Rosencrantz T, Seemann L, Wahlquist L, Ahrén C (1969) Occurrence and localization of lymph node metastases in renal cell carcinoma. Scand J Urol Nephrol 3:129
95. Iizumi T, Yazaki T, Kanoh S, Koiso K, Inage H, Koyama A, Tojo S (1985) Circulating immune complexes and immunosuppressive acidic protein in patients with renal cell carcinoma. J Urol 134:1097–1100
96. Jungblut PW, Hughes SF, Görlich L, Gowers U, Wagner RK (1971) Simultaneous occurrence of individual oestrogen- und androgen-receptors in female and male target organs. Hoppe-Seyler's Z Physiol Chem 352:1603–1610
97. Jungblut PW, Gaues J, Hughes A, Kallweit E, Sierralta W, Szendro P, Wagner RK (1976) Activation of transcription-regulating proteins by steroids. J Steroid Biochem 7:1109–1116
98. Jungblut PW, Gaues J, Görlich L, Hughes A (1981) Intracellular actions of gonodal steroids. Exp Brain Res 3:37–60
99. Kaiser R, Pfleiderer A (1985) Lehrbuch der Gynäkologie, 15. Aufl. Thieme, Stuttgart New York, S 401
100. Kantor AF (1977) Current concepts in the epidemiology and etiology of primary renal cell carcinoma. J Urol 117:415
101. Karr JP, Pontes JE, Schneider S, Sandberg AA, Murphy GP (1983) Clinical aspects of steroid hormone receptors in human renal cell carcinoma. J Surg Oncol 23:117–124
102. Kearney GP, Waters WB, Klein LA, Richie JP, Gittes RF (1981) Results of inferior vena cava resection for renal cell carcinoma. J Urol 125:769–773
103. Kedar E, Ikejiri BL, Bonnard GD, Herberman RB (1982) A rapid technique for isolation of viable tumor cells from solid tumors: use of the tumor cells for induction and measurement of cell-mediated cytotoxic responses. Eur J Cancer Oncol 18:991–1000
104. Kelly DR, Ratliff TL, Catalona WJ, Shapiro A, Lage JM, Bauer WC, Haaf EO, Dresner SM (1985) Intravesical Bacillus Calmette-Guérin therapy for superficial bladder cancer: effect of BCG viability on treatment results. J Urol 134:48–53
105. Kern DH, Vertelsen CA (1984) Present status of chemosensitivity assays. Int Adv Surg Oncol 7:187–213
106. de Kernion JB (1980) Lymphadenectomy for renal cell carcinoma: therapeutic implications. Urol Clin North Am 7:697
107. de Kernion JB, Ramming KP (1980) The therapy of renal adenocarcinoma with immune RNA. Invest Urol 17:370–381
108. de Kernion JB, Lindner A (1982) Treatment of advanced renal cell carcinoma. In: Kuss R, Murphy G, Khoury S, Karr J (eds) Proceedings of the First International Symposium on Kidney Tumors. Liss, New York, p 614
109. de Kernion JB (1986) Renal tumors. In: Campbell's Urology, 5th ed, vol 2. Saunders, Philadelphia, pp 1297–1342
110. de Kernion JB, Mukamel E (1987) Selection of initial therapy for renal cell carcinoma. Cancer 60 [Suppl] 3:539–546
111. Kirkman H, Bacon RL (1949) Renal adenomas and carcinomas in diethylstilbestrol treated male golden hamsters. Anat Rec 103:475
112. Kjaer M, Iversen P, Hvidt Bruun E, Skaarup P, Bech Hansen J, Frederiksen PL (1987) A randomized trial of postoperative radiotherapy versus observation in stage II and III renal adenocarcinoma. A study by the Copenhagen Renal Cancer Study Group Scand J Urol Nephrol 21:285–289

113. Klein MJ, Vaensi QJ (1976) Proximal tubular adenomas of the kidney with so-called oncocytic features. Cancer 38:906–914
114. Knudson AG, Meadows AT, Nichols WW (1976) Chromosomal deletion and retinoblastoma. N Engl J Med 295:1120–1123
115. Köhler G, Milstein C (1975) Continuous cultures of fused cell secreting antibodies of a predefined specificity. Nature 256:495
116. Kolonel LN (1976) Association of cadmium with renal cancer. Cancer 37:1782
117. Kosuda S, Hirono Y, Yoshinaga H, Saito K, Tamura K, Kubo A, Hashimoto S (1986) Technetium-99m DMSA abnormal uptake by metastatic lesion of renal cell carcinoma. Clin Nucl Med 11:432–433
118. Kovacs G, Szücs S, Eichner W, Maschek HJ, Wahnschaffe U, de Riese W (1987) Renal oncocytoma: a cytogenetic and morphologic study. Cancer 59:2071–2077
119. Kovacs G, Szücs S, de Riese W, Baumgärtel H (1987) Specific chromosomal aberration in human renal cell carcinoma. Int J Cancer 40:171–178
120. Kradin RL, Kurnick JT, Lazarus DS, Preffer FI, Dubinett SM, Pinto CE, Gifford J, Davidson E, Grove B, Callahan RJ et al. (1989) Tumor-infiltrating lymphocytes and interleukin-2 in treatment of advanced cancer. Lancet 8638:577–580
121. Kraemer HP, Sedlacek HH (1984) A modified screening system to select new cytostatic drugs. Behring Inst Mitt 74:301–328
122. Krown SE (1987) Interferon treatment of renal cell carcinoma, current status and future prospects. Cancer 59:647–651
123. Kurth KH, Marquer R, Jonas U, Warnaar SD (1984) Aktive spezifische Immuntherapie mit autologem Tumorgewebe beim metastasierenden Nierenkarzinom. In: Klippel KF (Hrsg) Klinische und Experimentelle Urologie, Bd 9. Zuckschwerdt, München Bern Wien, S 78–91
124. Kurth KH, Romijn JW, Schröder FH (1985) Assay-Verwertbarkeit humaner Nierentumorlinien. In: Harzmann R et al. (Hrsg) Experimentelle Urologie. Springer, Berlin Heidelberg New York Tokyo, S 475–482
125. Lamm DL (1985) Bacillus Calmette-Guérin immunotherapy for bladder cancer. J Urol 134:40–47
126. Lange PH (1978) Lymphocyte-mediated cytotoxicity in patients with renal and transitional cell carcinoma receiving BCG. Natl Cancer Inst Monogr 49:343
127. Langer EM, Hemmer J, Kleinhans G, Goehde W (1988) The applications of the BrdUrd-technique for the estimation of cycling S-phase cells in human renal cell carcinoma. Urol Res 16:303–307
128. Lelle RJ, Heidenreich W, Stauch G, Gerdes J (1987) The correlation of growth fractions with histologic grading and lymph node status in human mammary carcinoma. Cancer 59:83–88
129. Libertino JA, Zinman L, Watkins E (1987) Long-term results of resection of renal cell cancer with extension into inferior vena cava. J Urol 137:21–24
130. Lieber MM, Kovach JS (1981) Soft agar clonogenic assay for primary human renal carcinoma: In vitro chemotherapeutic drug sensitivity testing. Invest Urol 19:111–114
131. Lieber MM, Tomera KM, Farrow GM (1981) Renal oncocytomas. J Urol 125:481–485
132. Lieber MM (1984) Soft agar colony formation assay for in vitro chemotherapy sensitivity testing of human renal cell carcinoma. J Urol 131:391–393
133. Linehan WM (1988) Adaptive immunotherapy of genitourinary tumors. J Urol 140:838–839
134. Ljungberg B, Stenling R, Roos G (1985) DNA content in renal cell carcinoma with reference to tumor heterogeneity. Cancer 56:503–508

135. Manolov G, Manolova Y (1972) Marker band in one chromosome 14 from Burkitt lymphomas. Nature 237:33–34
136. Marshall VF, Middleton RG, Holswade GR, Goldsmith EI (1970) Surgery for renal cell carcinoma in the vena cava. J Urol 103:414–420
137. Marshall F, Powell KC (1982) Lymphadenectomy for renal cell carcinoma: anatomical and therapeutic considerations. J Urol 128:677
138. Marshall FF, Dietrick DD, Baumgartner WA, Reitz BA (1988) Surgical management of renal cell carcinoma with intracaval neoplastic extension above the hepatic veins. J Urol 139:1166–1172
139. Mastrangelo MJ, Berd C, Billed RE (1976) Critical review of previously reported clinical trials of cancer immunotherapy with nonspecific immunostimulants. Ann N Y Acad Sci 277:94
140. Mattern J, Volm M (1982) Clinical relevance of predictive tests for cancer chemotherapy. Cancer Treat Rev 9:267
141. Mattern J, Wayss K, Volm M (1986) Stellenwert der Zytostatikatestung in der Therapie maligner Tumoren. Dtsch Med Wochenschr 111:676–678
142. Medeiros LJ, Gelb AB, Weiss LM (1988) Renal cell carcinomas. Prognostic significance of morphologic parameters in 121 cases. Cancer 61:1639–1650
143. Merino MJ, Livolsi VA (1982) Oncocytomas of the kidney. Cancer 50:1852
144. Morales A, Eidinger D (1976) Bacillus Calmette-Guérin in the treatment of adenocarcinoma of the kidney. J Urol 115:377
145. Morales A, Wilsen JL, Pater JL, Loeb M (1982) Cytoreductive surgery and systemic Bacillus Calmette-Guérin therapy in metastatic renal cancer: a phase II trial. J Urol 127:230
146. Morgan DA, Rusetti FW, Gallo RC (1976) Selective in vitro growth of T lymphocytes form normal human bone marrows. Science 193:1007–1008
147. Morse MJ, Whitmore WF (1986) Neoplasms of the testis. In: Campbell's Urology, 5th ed, vol 2. Saunders, Philadelphia, pp 1535–1582
148. Muss HB (1988) Interferon therapy of metastatic renal cell cancer. Semin Surg Oncol 4:199–203
149. Neidhart JA, Murphy GG, Hennick LA, Wise JA (1980) Active specific immunotherapy of stage IV renal cell carcinoma. Cancer 46:1128
150. Neves RJ, Zincke H, Taylor WF (1988) Metastatic renal cell cancer and radical nephrectomy: identification of prognostic factors and patient survival. J Urol 139:1173–1176
151. Newsom GD, Vugrin D (1987) Etiologic factors in renal cell adenocarcinoma. Semin Nephrol 7:109–116
152. Nowell PC, Hungerford D (1960) A minute chromosome in chronic granulocytic leukemia. Science 132:1497
153. Oliver RTD (1987) Unexplained 'spontaneous' regression and its relevance to the clinical behavior of renal cell carcinoma and its response to interferon. Proc Am Soc Clin Oncol 6:98
154. Onufrey V, Mohiuddin M (1985) Radiation therapy in the treatment of metastatic renal cell carcinoma. Int J Radiat Oncol Biol Phys 11:2007–2009
155. Oosterwijk E, Fleuren GJ, Jonas U, Zwartendijk J, te Velde J, Warnaar SO (1984) The expression of renal antigens in renal cell carcinoma. World J Urol 2:156–158
156. Osieka R, Seeber S, Schmidt CG (1984) Predictive Tests in Cancer Chemotherapy, a reappraisal. Klin Wochenschr 62:203–212
157. Otto U, Schneider A, Denkhaus H, Conrad S (1988) Die Behandlung des metastasierenden Nierenkarzinoms mit rekombinanten Alpha-2 oder Gamma-Interferon, Ergebnisse zweier klinischer Phase-II- bzw. -III-Studien. Onkologie 11:185–191

158. Paganini-Hill A, Ross RK, Henderson BE (1988) Epidemiology of renal cancer. In: Skinner DG, Lieskovsky G (eds) Diagnosis and management of genitourinary cancer. Saunders, Philadelphia, pp 32–37
159. Papac RJ, Ross SA, Levy A (1977) Renal carcinoma: analysis of 31 cases with assessment of endocrine therapy. Am J Med 274:281
160. Pathak S, Strong LC, Ferrel RE (1982) Familial renal cell carcinoma with 3;11 chromosome translocation limited to tumor cells. Science 217:939–941
161. Pavelic K, Bulbul MA, Slocum HK, Rustum YM, Bernacki RJ (1986) Growth of human urological tumors on extracellular matrix as a model for the in vitro cultivation of primary human tumor explants. Cancer Res 46:3653–3662
162. Penning JJ, Le Van JH (1981) A modified enzymatic technique for production of cell suspensions of a murine fibrosarcoma. J Natl Cancer Inst 66:85–87
163. Peters PC, Brown GL (1980) The role of lymphadenectomy in management of renal cell carcinoma. Urol Clin North Am 7:705
164. Petersen RO (1986) Oncocytoma. In: Urologic pathology. Lippincott, pp 77–84
165. Petersen RO (1986) Neoplastic disorders: renal cell carcinoma. In: Urologic pathology. Lippincott, pp 87–105
166. Pilch YH, Myers G, Sparks F, Golub S (1975) Prospects for the immunotherapy of cancer. Current status of immunotherapy. Curr Probl Surg 2:1–61
167. Pilch YH (1987) Treatment of renal cell carcinoma and melanoma patients with immune RNA. J Exp Pathol 3:501–514
168. Porzsolt F, Messerer D, Hautmann R, Gottwald A, Sparwasser H, Stockamp K, Aulitzky W, Moormann JG, Schumacher K, Rasche H et al. (1988) Treatment of advanced renal cell cancer with recombinant interferon alpha as a single agent and in combination with medroxyprogesterone acetate. A randomized multicenter trial. J Cancer Res Clin Oncol 114:95–100
169. Prichett TR, Lieskovsky G, Skinner DG (1986) Extension of renal cell carcinoma into the vena cava; clinical review and surgical approach. J Urol 135:460–464
170. Prichett TR, Lieskovsky G, Skinner DG (1988) Clinical management and treatment of renal parenchymal tumors. In: Skinner DG, Lieskovsky G (eds) Diagnosis and management of genitourinary cancer. Saunders, Philadelphia, pp 337–361
171. Rabes HM (1981) Zellkinetik des Nierenzellkarzinoms. In: Schmiedt E, Bauer HW (Hrsg) Klinische und experimentelle Urologie. Zuckschwerdt, München, S 15–23
172. Ramming KP, de Kernion JB (1977) Immune RNA therapy for renal cell carcinoma: survival and immunologic monitoring. Ann Surg 186:459
173. Rauschmeier HA (1988) Immunotherapy of metastatic renal cancer. Semin Surg Oncol 4:169–173
174. Reeve AE, Housiaux PJ, Gardner RJM, Chewings WE, Grindley RM, Millow LJ (1984) Loss of a Harvey ras allele in sporadic Wilms' tumor. Nature (Lond) 309:174–176
175. Reis M, Faria V (1988) Renal carcinoma. Reevaluation of prognostic factors. Cancer 61:1192–1199
176. Reznikoff CA, Gilchrist KW, Norback DH, Cunnings KB (1983) Altered growth patterns in vitro of human papillary transitional carcinoma cells. Am J Pathol 111:263–272
177. Richie JR, Wang BS, Steele GD, Wilson RE, Mannick JA (1981) In vivo and in vitro effects of xenogenic immune ribonucleic acid in patients with advanced renal cell carcinoma: a phase III study. J Urol 126:24

178. Richie JR, Steele GD, Wilsen RF, Ervin T, Wang BS (1984) Current treatment of metastatic renal cell carcinoma with xenogenic ribonucleid acid. J Urol 181:236–238
179. de Riese W, Szücs S, Hoene E, Lenis G, Kovacs G, Schindler E (1987) Short term in vitro sensitivity testing of human renal cell carcinoma. Invest Urol 2:81–86
180. de Riese W, Allhoff E, Pohl U, Lenis G, Liedke S, Atay Z, Jonas U, Warnaar SO (1989) Comparison of human normal renal cells and malignant cells in vivo and in vitro using cytological, cytochemical and immunocytochemical methods. Invest Urol 3:8–16
181. Ritchie AWS, Layfield LJ, de Kernion JB (1988) Spontaneous regression of liver metastasis from renal cancer. J Urol 140:596–597
182. Ro JY, Ayala AG, Sella A, Samuels ML, Swanson DA (1987) Sarcomatoid renal cell carcinoma: clinicopathologic. A study of 42 cases. Cancer 59:516–526
183. Robson CJ, Churchill BM, Anderson W (1968) The results of radical nephrectomy for cell carcinoma. Trans Am Assoc Genitourin Surg 60:122
184. Rosenberg SA, Grimm EA, McGrogan M (1984) Biological activity of recombinant human interleukin-2 produced in escherichia coli. Science 223:1412–1414
185. Rosenberg SA, Lotze MT, Muul LM (1985) Observations on the systemic administration of autologous lymphokine-activated killer cells and recombinant interleucin-2 to patients with metastatic cancer. N Engl J Med 313:1485–1492
186. Rosenberg SA, Lotze MT, Muul LM (1987) A progress report on the treatment of 157 patients with advanced cancer using lymphokine-activated killer cells and interleukin-2 or high-dose interleukin-2-alone. N Engl J Med 316:889–897
187. Ross RK, Paganini-Hill A, Landolph J, Gerkins V, Henderson BE (1989) Analgetics, cigarette smoking and other risk factors for cancer of the renal pelvis and ureter. Cancer Res 49:1045–1048
188. Rowley J (1973) A new consistent chromosomal abnormality in chronic myelogeneous leukemia identified by quinacrine fluorescence and Giemsa staining. Nature 243:290–293
189. Salmon SE, Hamburger AW, Soehnlen B, Durie BGM, Alberts DS, Moon TE (1978) Quantification of differential sensitivity of human tumor stem cells to anticancer drugs. N Engl J Med 298:1321–1327
190. Salmon SE, Von Hoff DD (1981) In vitro evaluation of anticancer drugs with the human tumor stem cell assay. Semin Oncol 8:377–385
191. Schapira DV, Henshaw EC (1979) Treatment of advanced renal cell carcinoma with specific immunotherapy consisting of autologous tumor cells and C. parvum. Proc Am Soc Clin Oncol 20:348
192. Schärfe T, Becht Klippel KF, Jacobi GH, Hohenfellner R (1986) Active immunotherapy of stage IV renal cell carcinoma using autologous tumor cells. World J Urol 3:245–248
193. Schefft P, Novick AC, Straffon RA, Stewart BH (1987) Surgery for renal cell carcinoma extending into the inferior vena cava. J Urol 120:28–31
194. Schiodt T (1966) Breast carcinoma – a histological and prognostic study of 650 followed-up cases. Munksgaard, Copenhagen, p 107
195. Schmiedt E, Rattenhuber U, Wieland W (1982) Parenchyme Nierentumoren. In: Hohenfellner R, Zingg EJ (Hrsg) Urologie in Klinik und Praxis, Bd 1: Diagnostik, Entzündungen, Tumoren. Thieme, Stuttgart, pp 490–507
196. Schneider J, Kaulhausen H (1986) Lehrbuch der Gynäkologie und Geburtshilfe. Kohlhammer, Mainz Stuttgart, S 205
197. Schorn A, Marberger M (1984) Long-term survival of untreated bilateral renal cell carcinoma with supradiaphragmatic vena caval thrombus. J Urol 131:108–109

198. Schwabe HW, Adolphs HD, Vogel J (1983) Flow-cytophotometry studies in renal cell carcinoma. Urol Res 11:121–125
199. Seabright M (1971) A rapid banding technique for human chromosomes. Lancet 2:971–972
200. Selby P, Buick RN, Tannock I (1983) A critical appraisal of the human tumor stem-cell assay. N Engl J Med 308:129–134
201. Silverberg E (1984) Cancer statistics. Cancer 34:7
202. Skinner DG, Pfister RF, Colvin R (1972) Extension of renal cell carcinoma into the vena cava: the rationale for aggressive surgical management. J Urol 107:711–716
203. Skinner DG, de Kernion JB, Brower PA, Ramming KP (1976) Advanced renal cell carcinoma: treatment with xenogenic immune ribonucleic acid and appropriate surgical resection. J Urol 115:246
204. Skinner DG (1988) Immunotherapy of genitourinary cancers. In: Skinner DG, Lieskovsky GL (eds) Diagnosis and management of genitourinary cancer. Saunders, Philadelphia, pp 575–693
205. Skinner DG, Lieskovsky GL, Prichett TR (1988) Management of renal cell carcinoma involving the vena cava. In: Skinner DG, Lieskovsky GL (eds) Diagnosis and management of genitourinary cancer. Saunders, Philadelphia, pp 694–703
206. Skipper HE, Schabel FM, Wilcox WS (1964) Experimental evaluation of potential anticancer agents. Cancer Chemother Rep 35:3–111
207. Sogani PC, Herr HW, Bains MS, Whitmore WF (1983) Renal cell carcinoma extending into inferior vena cava. J Urol 130:660–663
208. Staehler G, Liedl B, Sturm W, Schmiedt E (1987) Nierenkarzinom mit Cavazapfen: Einteilung, Operationsstrategie und Behandlungsergebnisse. Urologe [A] 26:46–50
209. Stenzl A, de Kernion JB (1989) Pathology, biology, and clinical staging of renal cell carcinoma. Semin Oncol 16 [Suppl]:3–11
210. Summer AT, Evans HJ, Buckland RA (1971) New technique distinguishing between human chromosomes. Nature 232:31–32
211. Swanson DA, Quesada JR (1988) Interferon therapy for metastatic renal cell carcinoma. Semin Surg Oncol 4:174–177
212. Tallberg T, Tykkä H (1986) Specific active immunotherapy in advanced renal carcinoma: a clinical longterm follow-up study. World J Urol 3:234–244
213. Tanke HJ, Ploem JS, Jonas U (1984) Analytical cytology: its role in urological oncology. In: Kurth KH, Debruyne FMJ, Schröder FH, Splinter TAW, Wagner TD (eds) Progress and controversies in oncological urology. Liss, New York, pp 39–48
214. Tannenbaum M (1971) Ultrastructural pathology of human renal cell tumors. Pathol Ann 6:249
215. Tannock IF, Evans WK (1985) Failure of vinblastine infusion in the treatment of patients with renal cell carcinoma. Cancer Treat Rep 69:227–228
216. Thoenes W, Stoerkel S, Rumpelt HJ, Jacobi GH (1986) Das Nierenzellkarzinom – eine Systematik auf Grund zytomorphologischer Merkmale. Zentralbl Allg Pathol 132:503–513
217. Thoenes W, Stoerkel S, Rumpelt HJ (1986) Histopathology and classification of renal cell tumors (adenomas, oncocytomas and carcinomas). The basic cytological and histopathological elements and their use for diagnostics. Pathol Res Pract 181:125–143
218. Tjio J, Levan A (1956) The chromosome number of man. Hereditas 42:1–6
219. Trent J, Crickard K, Gibas Z (1986) Methodologic advances in the cytogenetic analysis of human solid tumors. Cancer Genet Cytogenet 19:57–66

220. Trepper J (1981) Clonogenic potential of human tumors. Acta Radiol Oncol Radiat Phys Biol 20:283–288
221. Tykkä H (1981) Active specific immunotherapy with supportive measures in the treatment of nephrectomized renal adenocarcinoma. A controlled clinical study. Scand J Urol Nephrol [Suppl]: 63
222. Ulrich W, Buxbaum P, Holzner JH (1988) Pathology of renal cancer and its metastases. Semin Surg Oncol 4:143–148
223. Vaeth JM (1973) Cancer of the kidney: radiation therapy and its indication in non-Wilms' tumors. Proc Natl Conf Urol Cancer 32:1053–1055
224. de Vere White R, Deitch AD, Hong WK, Olsson CA (1985) The influence of cytoreductive surgery on the response to chemotherapy of a rat renal cancer. Urol Res 13:35–38
225. de Vinci C, Pizza G, Severini G, Cuzzocrea D, Corrado F (1987) Immune ribonucleic acid (I-RNA) in the treatment of metastatic renal cell carcinoma. J Exp Pathol 3:515–523
226. Volm M, Wayss K, Mattern J, Kleckow M, Vogt-Moykopf J (1978) Resistenztestung und Chemotherapieergebnis bei Bronchialtumoren. Dtsch Med Wochenschr 103:1266–1270
227. Volm M, Wayss K, Kaufmann M, Mattern J (1979) Pretherapeutic detection of tumor resistance and the results of tumor chemotherapy. Eur J Cancer 15:983–993
228. Volm M (1980) Sensibilitätstestung menschlicher Tumoren gegenüber Zytostatika mittels eines In-vitro-Testes. Dtsch Med Wochenschr 105:1493–1499
229. Von Hoff DD, Casper J, Bradley E, Sandbach J, Jonas D, Makuch R (1981) Association between human tumor colony-forming assay results and response of an individual patient's tumor to chemotherapy. Am J Med 70:1027–1032
230. Von Hoff DD, Clark GM (1983) Prospective clinical trial of a human tumor cloning system. Cancer Res 43:1926–1931
231. Von Hoff DD (1987) In vitro predictive testing. Int J Cell Cloning 5:179–190
232. Wagner RK (1972) Characterization and assay of steroid hormone receptors and steroid binding serum proteins by agargel electrophoresis at low temperature. Hoppe-Seyler's Z Physiol Chem 353:1235–1245
234. Wagner RK (1978) Extracellular and intracellular steroid binding proteins. Properties, discrimination, assay and clinical application. Acta Endocrinol [Suppl] 88:1–73
235. van der Walt JD, Reid HAS, Risdon RA, Shaw JHF (1983) Renal oncocytoma: a review of the literature and report of an unusual multicentric case. Virchows Arch 398:291–304
236. Walter M, Pichlmaier H, Allhoff E, Franzen W (1987) Die thoraxchirurgische Intervention beim pulmonal metastasierten Hypernephrom. Verh. Ber. Dtsch. Ges. f. Urol. Springer, Berlin Heidelberg New York, S 256–257
237. Weidmann E (1983) Modelle individuell angepaßter Krebstherapie. Gelbe Hefte (Behring-Werke, Marburg) 23:135–143
238. Weigent DA, Stanton GJ, Johnson HM (1983) Interleukin-2 enhances natural killer cell activity through induction of gamma interferon. Infect Immunol 41:992–997
239. Weir JM, Dunn JE (1970) Smoking and mortality: a prospective study. Cancer 25:105
240. Weiss L, Harlos JP, Torhorst J, Gunthard B, Hartveit F, Svendsen E, Huang WL, Grundmann E, Eder M, Zwicknagl M et al. (1988) Metastatic patterns of renal carcinoma: an analysis of 687 necropsies. J Cancer Res Clin Oncol 114:605–612

241. Wenz W (1967) Tumors of the kidney following retrograde pyelography with colloidal thorium dioxide. Ann N Y Acad Sci 145:145–806
242. West WH, Taner KW, Yannelli JR (1987) Constant-infusion recombinant interleukin-2 in adaptive immunotherapy of advanced cancer. N Engl J Med 316:898–905
243. Wilke H, Stahl M, Schober S, Kirchner H, Diedrich H, Freund M, Polliwoda H, Schmoll HJ (1987) Increased response rates in progressive and metastatic renal cell carcinoma using high dose (HD) Tamoxifen. ECCO, 4th Europ. Conf. on Clin. Oncol. and Cancer Nursing, Madrid, November 1–4, 1987, meeting, abstract, p 68
244. Wright JC (1987) Update in cancer chemotherapy: genitourinary tract cancer, part 1. J Natl Med Assoc 79:1249–1258
245. Yu MC, Mack TM, Hanisch R, Cicioni C, Henderson BE (1986) Cigarette smoking, obesity, diuretic use, and coffee consumption as risk factors for renal cell carcinoma. J Natl Cancer Inst 77:351–356

Sachverzeichnis

P. Rathert, St. Roth, Düren

Urinzytologie

Praxis und Atlas

Unter Mitarbeit von A. Böcking, R. Friedrichs, F. Hofstädter, J.-D. Hoppe, E. Huland, H. Huland, C. Hunold, St. Peter, P. Röttger, H. Rübben, B. J. Schmitz-Dräger

2., völlig neubearb. u. erw. Aufl. 1991. XI, 208 S. 195 überw. farb. Abb. in 278 Einzeldarst. 9 Tab. Geb. DM 248,–
ISBN 3-540-52740-0

Das Buch vermittelt sowohl dem praktisch tätigen Urologen als auch dem wissenschaftlich arbeitenden Zytopathologen den aktuellen Wissensstand und die in Praxis, Klinik bzw. Forschungslabor möglichen Techniken in neuer didaktischer Aufbereitung. Damit ist das Buch die Grundlage urinzytologischer Arbeiten in Praxis, Klinik und Forschung.
Erstmalig wurde ein gemeinsames Konzept von Pathologen, Zytopathologen und Urologen zur Indikationsstellung, den histologischen Grundlagen und den derzeitigen technischen Möglichkeiten der Urinzytologie verwirklicht.
Der Schwerpunkt liegt auf der Vermittlung anwendbarer Techniken in der Urinzytologie im Hinblick auf die Zellanreicherung, Färbung und Mikroskopie. Für die neuen Techniken wird das Indikationsspektrum dargelegt und ihre Relevanz für schwierige urinzytologische Detailfragen erläutert. Der Atlasteil gibt Beispiele zur Urinzytologie, setzt sie in Vergleich mit Normalbefunden, erläutert die differentialdiagnostischen Schwierigkeiten und vermittelt Lösungswege.